城市规划中的资源均衡配置

王 哲 著

北京工业大学出版社

图书在版编目（CIP）数据

城市规划中的资源均衡配置 / 王哲著．— 北京 ：
北京工业大学出版社，2021.10重印
ISBN 978-7-5639-7186-2

Ⅰ．①城… Ⅱ．①王… Ⅲ．①城市规划－资源配置－
研究 Ⅳ．①TU984

中国版本图书馆 CIP 数据核字（2019）第 272794 号

城市规划中的资源均衡配置

著　　者：王　哲
责任编辑：刘连景
封面设计：点墨轩阁
出版发行：北京工业大学出版社
（北京市朝阳区平乐园 100 号　邮编：100124）
010-67391722（传真）　bgdcbs@sina.com
经销单位：全国各地新华书店
承印单位：三河市元兴印务有限公司
开　　本：710 毫米 ×1000 毫米　1/16
印　　张：8
字　　数：160 千字
版　　次：2021 年 10 月第 1 版
印　　次：2021 年10月第 2 次印刷
标准书号：ISBN 978-7-5639-7186-2
定　　价：35.00 元

作者简介

王哲，男，1981年10月生，籍贯为辽宁省海城市，中国共产党党员，天津大学工学博士（城市规划与设计专业），高级工程师，现任天津大学城市规划设计研究院副院长兼规划一所所长。长期致力于城市规划设计理论、技术与方法的研究创新，完成了大量大规模且有影响力的规划项目，获各类国家及省部级优秀城乡规划设计奖达三十余项。

前言

在以市场为主体的经济体制下，原本均质而缺乏活力的城市资源配置模式转变为了以经济理性主导的、注重使用效率与效益的市场配置模式，但不同利益主体对于城市资源的需求和使用有着不均等的话语权，致使城市资源配置呈现出利益导向的非均衡现象，而城市规划作为政府行使公共政策的重要工具，其在弥补市场导向下的资源配置失衡方面发挥着重要的作用，对于促进城市资源均衡配置，实现城市全面发展具有重要意义。本书基于以上背景，创新性地将社会学等学科理论和方法交叉运用到城市规划中，以探讨城市资源均衡配置的有效路径。

本文以“宏观—中观—微观”为脉络，分别就城市总体发展模式及设施的均衡布局，城市重大资源周边用地的均衡性指标，社区规划中资源均衡配置的方式三个层面进行深入研究，并从资源均衡配置的角度对现行城市规划管理制度的优化展开探讨。

宏观层面，通过对不同城市发展模式特点进行研究，得出单中心是中小城市发展的最佳模式，而多中心模式则是大城市追求城市均衡发展的必然选择。同时，为了实现各城市中心的均衡发展，城市市政基础设施和社会公共服务设施布局都要实现“空间均衡”和“标准均衡”。

中观层面，创新性地引入相对剥夺理论与“基尼系数”量化指标，通过问卷调查、基尼系数来量化“相对剥夺”理论等方法，对重大城市公共资源周边区域的用地布局进行研究，并以城市公共绿地及快捷交通站点为例探讨构建均衡指标的模式与方法。

微观层面，主要包括基于空间均衡的社区资源配置的研究和资源配置失衡问题导向型的社区规划的研究，同时创新性地提出了采用不同收入阶层在一定程度上混合居住的“向下兼容的混合社区”模式。

制度层面，通过阐释国内城市规划体系中的现状与核心问题，对城市规划制度中问题较突出的审批决策体制进行研究，得出城市规划委员会制度的改进与城市规划非政府组织（规划 NGO）的建立是实现城市规划制度公正、保障城市均衡发展的关键所在。

目 录

第一章 绪 论

第一节 研究背景

一、实现资源均衡配置是全面建设小康社会的重要内容

两千多年前，孔子曾在论语中说道："不患寡而患不均，不患贫而患不安。"尽管在当代社会，绝对平均主义的原则已经不符合时代发展的需求，但毋庸置疑，"均"即是现在所说的"均衡"，仍然是社会、公众最关注和最期待的社会要素之一，其影响到了国家命运、社会安定和每个家庭、每个人的福祉。

目前，我国正处于全面建设小康社会的决胜阶段。习近平同志指出，全面建成小康社会是要在保持经济增长的同时，落实以人民为中心的发展思想，想群众之所想、急群众之所急、解群众之所困，在学有所教、劳有所得、病有所医、老有所养、住有所居上持续取得新进展。而在城市规划领域，落实和践行全面建设小康社会思想的重要举措之一即发挥城市规划的公共政策属性，弥补市场在资源配置过程中的不足，实现城市资源的均衡配置，从而促进城市的全面发展。

自古以来，在人类发展的各个历史阶段，虽然生产力方面千差万别，但都无一不遵从着"资源均衡配置"的原则，只是均衡程度在各个历史阶段的表现不一。而随着社会生产力的不断发展以及经济体制的不断繁荣，社会经济资源蓬勃涌现，实现资源的均衡配置对经济社会的健康全面发展起着越来越重要的作用。

二、城市资源配置不均衡的现象仍然广泛存在

（一）宏观领域内城市资源配置的不均衡性

宏观领域的资源错配主要是指区域性各种资源分布的不均衡。众所周知，东部地区凭借其优越的地理区位和雄厚的经济实力具有很强的发展动力和潜力，而西部地区由于地处内陆，自然条件相对较差，因此，西部城市地区历来经济基础薄弱，教育不发达，科技水平低，交通发展缓慢，信息传递手段落后，其城市发展要远远低于东部城市。

东部高速发展的根本动因是改革开放，在改革开放初期，东部沿海城市已经具有了以轻纺工业为基础的某种产业优势。对外开放的经济政策促使外资引入，有效地为该区域聚集了资本、引入了新技术与管理理念。同时，体制外具有生气蓬勃与扩张趋势的资本流动促使越来越多的人群敢于冒险与创新改革，使计划经济体制沿着最佳的轨迹循序渐进地转移到了市场经济体制上。这样，有效的区位优势、以轻纺工业为主的产业基础、商品经济理念、逐步推进的改革策略以及经济特区的建设都为东部沿海地区向市场化经济体制改革提供了优势。相反，西部地区在计划经济体制下主要以资源开采与加工为主导的重工业为主，在改革开放大趋势下渐显劣势。因而，这些重工企业由于特殊的生产力要求以及处于经济体制转型期而处在了尴尬冷遇的状况。客观上来讲，重工业企业具有其特殊性，初期投入成本过高且沉没成本不可改变的特性使得此类企业改革进程困难重重。企业规模调整与退出的难度会随着沉没资本的多少而发生变化。因而，可以认为，地区本身所占有的资源差异、其后产业布局的差异以及政策的差异共同导致了东西部城市发展的不均衡。

此外，东西部城市发展的不均衡又进而引发了人口资源分布的不均衡。自国家实行改革开放政策以来，高速发展的经济及大规模的城市建设等都促使大量农村剩余劳动力向东部沿海发达城市涌进。然而由于政策限制等原因，城市化进程依然按照传统的城乡二元结构的状态进行推进，同时由于各种门槛的限制，致使许多农村剩余劳动力作为“农民工”进入城市中，而随着城市劳动力的饱和，城市不需要的这部分农村劳动力则需要作为“返乡农民工”离开城市，使得城市化无序进行以及大规模农村人口无法达到应有的保障。人口流动遵循从低到高的规律，即从低就业率城市转移到高就业率城市，从低收入地区转移到高收入地区。因而，西部不发达地区农村剩余劳动力及拥有技能的人才流动移向了东部发达地区。不同的是，进入城市的技术人才成了城市居民，而农村

剩余劳动力却仍然扮演着“农民工”的角色，在进入与退出城市化舞台中徘徊。这种不合理的城市化进程模式不仅使农民工自身境况未得到真正的改善，而且由于西部人才与劳动力的异地流失致使西部经济发展也十分缓慢。

（二）中观领域内城市资源配置的不均衡性

中观领域内城市资源配置的不均衡现象包括城市建设过程中的土地分配问题及城市公共资源占有问题等。

关于土地分配的不均衡问题。地方政府在追求 GDP 增长率的目标下，通过大规模圈地来吸引企业入驻引进资金。城市规划成了政府与开发商不合理开发土地的有力工具，总体规划不断扩张城市用地规模，控制性详细规划促使土地批租与建设速度加快，而修建性详细规划几乎成了开发商获得最大利润的手段。

同样，不均衡现象也存在于城市公共资源的拥有上。在经济利益的驱动下，政府通过“价高者得”的方式进行土地竞拍，使得城市公共资源周边区域成了“高地价、高房价”的代名词，公共资源周边的商品房主要面向高收入人群，而低收入人群只能居住在距离这些景观较远的地区，同时因为周边高楼的层层遮挡，使得这些人群无法享受这些公共资源。因而，原本属于全体人员的公共资源却仅让少数一部分人所占有，这种规划调节手段片面地考虑了土地利益的经济最大化，从而无法保障所有人都能够享有这份公共资源。

另外，在古城或历史文化街区的保护中，若内部居民居住环境较差时，应主要考虑改善居民的生活环境来满足居民最基本的权利和物质需求，而不是仅仅从保护层面来看待问题，这是片面且不均衡的做法。而当受保护的古城或街区因不适当的开发而受到破坏时，那么进行适当保护控制则可以说是公平合理的，因为这种过度开发的行为不仅损害了当地大部分居民的利益，还对地区未来的发展造成了直接或间接的损害。

（三）微观领域内城市资源配置的不均衡性

城市规划微观层面关注的是社区资源配置的不均衡现象，首先是城市居民最关注的房价问题。全国大部地区房价居高不下，许多城市涨幅超过了 10% 以上。究其原因，主要是中央政策与地方执行力度的矛盾。地方政府认为土地出让利益能为地方政府带来一笔可观的资金来源，房地产持续走高能为其带来很大的经济利润，相反如果房价下跌会导致地价下降，地方政府的利益会直接受损，因而地方行政力量在推高房价中担当着重要的角色。然而对于广大城市人群，尤其是中低收入人群来说，这近乎天价的房价却是难以承受的。

以上的各种现象，有的是规划制度的不完善导致的，有的是在规划编制过程中出现的，还有的是在规划实施的过程中相对突出的，尽管城市规划并不能完全解决上述问题，但从社会责任角度来讲，城市规划在合理配置城市资源方面逐渐偏离了公共利益，转为了地产商及地方政府获得金钱利益的有力工具。因此，无论哪一种不均衡，都需要我们运用专业的知识，充分地去发现并竭尽所能地去避免。

三、合理的城市规划能有效促进城市资源均衡配置

城市规划是对城市各项资源进行配置的重要手段，可通过合理配置土地资源，合理布置各项城市职能，统筹安排每一项城市建设等手段来提高城市运作效率，实现国家的社会经济发展目标。比如，城市战略规划要富有远见地预测城市未来的发展趋势，从而合理地安排城市用地，以发挥土地的最大效用。适宜的土地利用总体规划能实现土地的最大使用价值等。

成功的城市规划可以通过公共资源的均衡配置来缩小贫富差距，减少日益明显的社会分层现象。社会各界都在关注的土地、住房、交通、环境等均衡性缺失的问题都与城市规划直接或间接相关，如果这些问题能从城市规划的角度更多地考虑并加以解决，则将为我国经济社会可持续发展提供有效保障。

第二节　研究意义

一、理性正视城市发展中产生的资源配置不均衡现象

我国历史悠久，自城市建设以来，各项资源便随着区位条件、政治经济条件等因素呈现出不均衡分布的特征。尤其是随着社会发展进入了新的阶段，在市场经济的驱动下资源的配置更加呈现出了逐利化、集中化等不均衡的特征，表现在城市领域内则是土地资源、教育资源、住房资源等公共资源配置的不均衡性。这种不均衡性是由多种原因综合导致的，是城市经济社会发展中不可避免的问题，是我们需要理性正视的客观存在。

二、有效发挥城市规划在资源均衡配置方面的作用

充分发挥城市规划在资源配置中的核心作用，坚持公共利益至上的核心价值观，努力协调好各方的利益，将着眼点更多地转向城市的中低收入阶层；城

市空间方面，则更多地转向城市公共空间；对于公共设施的布局，要更侧重于公益性和基本的服务设施的保障；规划制定和实施方面，要更多地强调社会民众的参与。总而言之，只要城市规划能回归到促进发展与保障社会和谐这样的基本价值观上，城市规划的作用就是有效的。

第三节 研究方法与思路

①跨学科研究方法：由于规划学科本身关于解决城市问题的研究已相对比较丰富，为深化完善整个已显窘态的城市规划领域的研究，本书向社会学（社会心理学）等学科借力，把其他学科的理论和方法交叉运用到了规划研究之中，来探讨城市资源均衡配置的新思路。

②问卷调查研究方法：通过问卷调查的形式，对现阶段城市资源分配不均衡现象和社区内资源不均衡现象进行客观的实地调查，了解影响公众平衡感的主要因素，深入调查公众对改善资源配置不均衡现状的建议。

③抽象问题量化的方法：虽然本课题研究以抽象的社会科学为主，但由于落脚点在城市规划的编制管理上，所以文中通过利用基尼系数等数据模型公式来量化相对剥夺及不平感受等抽象的心理概念，通过量化后的数据研究科学的城市规划指标构建。

④例证法：通过引入发达国家及地区的城市建设实例，研究我国实现城市资源均衡配置的解决方案。

第四节 相关理论研究

一、城市资源配置

城市是由经济、社会、文化、生态等多元资源构成的综合载体，本文所探讨的城市资源主要以空间资源为主，探讨利用合适的技术与管制方式对城市空间资源进行有效的组织与分配，以形成合理的空间结构。

不同于一般的商品，首先，城市资源具有生态与社会属性，良好的生态系统是城市运行的基本保障，而城市资源配置的结果归全体社会成员共享；其次，城市资源具有经济属性，主要表现在稀缺性、价值属性以及可交易属性三个方面；再次，城市资源还具有政治属性，政治环境、权力关系以及文化引导左右着空间的形成、变迁乃至消失，使之成了城市中政治形态的参照性。

关于城市资源配置的相关研究在国外早已展开，早期如杜能的《孤立国》和韦伯的《工业区位论》均从区位视角对农业生产布局、工业生产布局进行了研究，发现了区位与两者的紧密关系，克里斯塔勒的《中心地理论》提出了区域内城镇分布及空间结构关系。其后，各国开始尝试探究以土地资源以及各类公共资源为核心的城市资源配置模式。我国学者也在土地资源及公共资源的优化配置方面进行了广泛研究，研究多倾向于效益驱动下的资源配置，这与我国市场经济为主体的经济体制密切相关。

在市场的语境下原本均质而缺乏活力的城市空间资源的配置模式转变为了经济理性主导的、注重使用效率与效益的市场配置模式，但不同利益主体对于城市资源的需求和使用有着不均等的话语权，致使城市资源配置呈现出了利益导向的非均衡现象。城市规划作为政府行使公共政策的重要工具，应注重多方利益的权衡，最大限度地保障城市资源的均衡布局。

二、社会心理学研究

（一）社会心理学定义

社会心理学是一门新兴的学科，因为第一个社会心理学实验在 1924 年才被公之于众，直到 20 世纪 30 年代，社会心理学才有了现在的雏形，而直到第二次世界大战爆发，社会心理学才开始蓬勃发展。

社会心理学的定义有很多个版本，本文引用的是戴维·迈尔斯在《社会心理学》一书中所给出的定义：“社会心理学是一门研究我们周围情境的力量的科学，尤其关注我们是如何看待他人，如何影响他人的。”

通过对社会心理学相关文献的研究不难得出，社会心理学所关注的核心问题是：我们如何构建社会，我们的社会直觉如何指引我们，而有时候又是如何误导我们的，以及我们的社会行为如何受他人、我们自己态度和生物性的影响。

（二）社会心理学理论发展

社会心理学的发展已经有了近百年的历史，研究表明，诸多的理论主要源于三个经典的理论：符号互动理论、社会交换理论以及比较理论（图 1-1）。本书关注的点主要是社会比较理论—公正理论这条脉络。

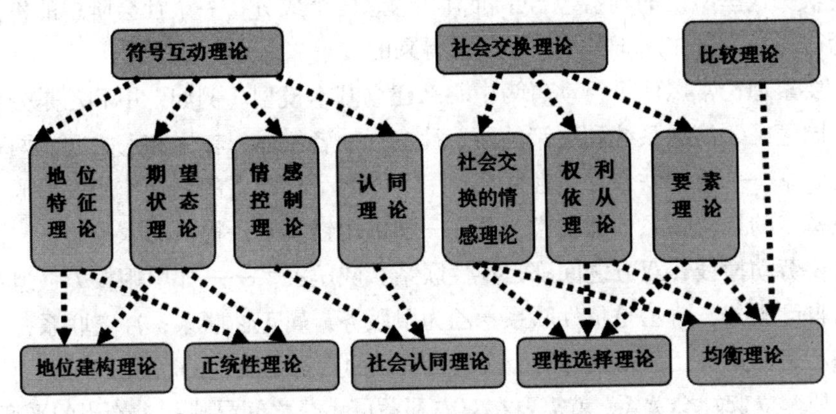

图 1-1 社会心理学理论发展脉络

（1）均衡理论

事实上均衡理论在管理科学领域的地位和影响远大于其在社会心理学自身的领域。如亚当斯的均衡理论就长期被组织行为学当作激励的过程理论。而本节所讨论的重点是均衡理论在社会心理学领域的发展。

20 世纪 70 年代，部分研究者认为均衡只是组织中分配的一种价值观。在公共福利分配中，还存在平均分配和按需分配的价值观。例如，午餐补贴就应是平均的；医疗福利就应是按需分配的，而且，研究者们认为，这些不同的价值观可以推广到全社会范围。研究者们使用公正概念将新的理论发展称为分配均衡理论。在一定程度上，分配的原则是分配均衡理论关注的重点。因为，从实际情况来看，分配的原则比分配的结果更能影响职工对分配的满意感，进而分配均衡理论又引发了对管理程序问题的研究，这里的程序是指管理政策及执行所遵循的原则。西鲍特等人在考察了法庭审判过程后指出，人们之所以能够接受对自己不利的审判结果，是因为能认可审判的程序。

（2）地位建构理论

地位建构理论主要是阐释关于社会差异的地位信念的发展以及这种信念如何为一个社会或群体所广泛共享。社会学家韦伯将地位视为社会群体间可评价的等级。地位是权力和财富等不平等现象的伴生物，个体间的地位等级是通过人们对其所属的社会群体或阶层可共享的地位信念组织起来的。为证明和解释地位信念在人群中是如何产生并传播的，地位建构理论聚焦于具有社会差别的不同人相遇时行为的局部情境进行了研究。

（3）要素理论

要素理论是关于社会关系的理论，主张利益是存在于社会关系中的最重要的要素。这里所说的利益包含了价值和信念两个成分，一个社会阶层的价值和信念往往是通过作用于其他社会阶层得来的。

要素理论常以两个行动者为中心来建立基本模型。例如，甲和乙是分别具有不同偏好、信念系统和决策的两个社会行动者个体，在甲和乙之间有两种可能的联系——正性联系和负性联系。甲、乙两个行动者的相互作用就形成了三类最基本的社会关系：即交换关系——如甲用钱换来乙提供的家政服务，而乙也需要劳动挣钱，双方之间都是正性联系；威压关系——如甲用权力强迫乙无偿为自己服务，对乙是负性联系，乙为甲服务，属正性联系；冲突联系——如甲和乙是在路口互不相让的两个汽车司机，两人都是负性的联系。

要建立起社会关系，就需要在双方利益最大化之间寻找一个恰当的平衡点。例如，上述的威压关系本应是最不可能的社会关系，可是甲占有他人所没有的资源，形成了他人对甲的依赖；而乙之所以建立和维持这种社会关系，可能是在获得生存资源和接受压迫之间权衡的结果。如果有其他生存的机会，乙就可以通过反抗或摆脱甲的权力控制而改变原有的社会结构。要素理论正是通过这两个过程建立起了社会结构的模型。

（4）正统性理论

权力控制着资源分配，决定着奖惩。因此人们都向往权力，同时也希望权力能得到正确使用。绝对的权力是危险和不稳定的，而正统性是使一个政权更经济、更稳定的基础。正统性理论从对权威结构的理解入手，阐述了正统性过程的本质。正统性理论认为，权威结构并不是一个简单的要求与服从的层级关系。权威不仅有纵向结构，还有横向结构。例如，在一个组织中，权力被分配到了各个职位上，权威的使用取决于各个职位的相互合作与支持，并对别的职位负有责任，于是，各个职位不仅要服从上级，还要受下级和同级的制约。这种服从可能是自愿的，也可能是非自愿的。

正统性理论又认为，权力的规范化是权力试图获得正统性必须付出的代价。由于个体的正当感在限制滥用权力方面是非常脆弱的，因此权力的规范化不能仅依靠个体的正当感。授权和接受是权力合法化的体现。如果权力的使用是正当而合法的，即与个体的是非感相一致时，那么个体就更能够赞同权力的授予和接受权力了。

总之，无论是公正理论、地位建构理论，还是要素理论和正统性理论，从研究者的观点中不难发现，这些理论的建构都是来自对社会关系的认知和理解，同时又能够用于解释社会关系。公正理论对于分配原则的关注，地位建构理论的局部情境概念，要素理论建立社会关系和社会结构的基本模型，以及正统性理论对于权威的稳定性和权力的规范化的影响研究，都是本文研究城市资源均衡配置，寻求规划策略的理论指引。

（三）相对剥夺理论

“相对剥夺”最早由美国学者S.A.斯托弗（S.A.Stouffer）提出，其后经R.K.默顿发展，成了一种关于群体行为的理论。简单概括来说，相对剥夺是指在与其他地位较高、生活条件较好的群体相比较时，个人或群体所产生的一种需求得不到满足的心理状态。马克思曾通过“小房子相对比较”形象的描绘相对剥夺理论，“一座小房子建在周边全是小房子的环境中，房子的主人不会觉得房子小，心理会感到满足；但是当这座小房子建在一座豪华壮丽的宫殿旁边，这座可怜的小房子就会感到处在劣势中，会产生被剥夺感。此外，当周边的小房子随着社会生产力的提高逐渐变大时，那座小房子的主人也不会产生不舒适感，但是，当旁边的宫殿以同样甚至是更高的程度扩大时，那座小房子的主人就会感觉到不舒适，从而产生消极不满情绪”。因此，马克思得出的结论就是：“个体物质与精神上的满足是由社会产生的，个体所产生的满足感不是以个体需求得到满足作为参照物，而是以社会的尺度作为衡量标准。”社会学家墨顿的著作《社会理论与社会结构》系统地阐释了相对剥夺理论。墨顿认为，相对剥夺是个体或群体通过社会参照比较，判断和评价自身状况的利益得失后所产生的一种主观心理感受。个体与群体的利益得失通过与其他个体和其他群体进行参照比较来考量，若自己相较于参照物得到的多，将会产生满足感和优越感；反之，若自己相较于参照物失去的多，就会产生被剥夺感，产生不均衡感。因此，相对剥夺是通过比较进行的利益得失评价，是相对的而非绝对剥夺。

“相对剥夺”理论提出后就被国内外学者广泛应用在了社会资源分配的研究中。事实上，社会发展中每个阶段都存在着相对剥夺现象。因为在这一阶段，社会财富在高效产出的同时社会利益也重新进行了分配。几乎所有的社会变革都会引起现实社会利益（如个体经济财富、福利待遇、社会地位等）的调整，这些改变有其发生的必然性，但相较于其他个体或群体也有相对性，相对剥夺的心理便是通过比较的过程中产生的。

综上分析，“相对剥夺感”会对社会产生复杂的影响，或有益于社会发展或会阻碍社会发展，这主要取决于人们满足的程度以及人们为满足更大需求所尽的最大努力。由正面到负面可以总结为：合理竞争、盲目攀比、社会冲突三个层次。研究相对剥夺感在社会转型期的可能表现将有助于在规划层面形成决策。对于规划业者来说，应该正确并充分地认识和了解“相对剥夺感”这种社会现象，趋利避害，在规划过程中进行合理的利益协调和均衡的功能布局。详细的运用在本书的第五章节做相关介绍。

（四）城市社会心理学

城市社会心理学认为，环境心理学在某一程度上是城市规划与社会心理学的交叉，同时指出城市社会心理学中的城市环境压力主要体现在噪音、拥挤、挫折、社会舆论等方面，这些方面同时反映了城市社会心理学在城市社会生活中的实际应用价值。另外，当个人的主要社会需求未被满足时，就会产生受挫的情绪反应，长此以往便会破坏生活的平衡性。最后，社会舆论对于人们的心理也会产生影响，当舆论同个人的需要与愿望一致的时候，将产生积极的作用，反之则会成为个人的社会压力。

该理论还以社区为基点，研究了现代城市生活社会心理认知趋向。通常人们在居住地段生活时，可以不去理会另一个地区关于工作的烦恼，反过来也一样。同时由于现代都市地区中社会关系的契约性，人们不是以个人被认识的，而是作为一个体系中的角色而存在。长此以往，现代都市人们交往在社会心理上的特点和趋向就会在一定程度上被定格了，如人情冷漠、专业化、理性化、个人主义和功利主义等。

研究者们还分别从城市化与社会空间结构、老龄化社会、社会运动中的妇女和儿童、城市规划决策过程等方面进行了论述。首先，通过研究变动中的城市社会经济结构对城市人的社会生活的影响与社会心理方面的相互作用发现，城市化过程对城市社会空间结构带来了重要的影响，在其影响下，城市社会结构随之变化和重组，涉及社会年龄结构、产业结构及其劳动力的需求变化，以及由此带来的就业结构变化和城市居民失业等问题。其次，老年人是城市社会生活中一个特定的、重要的年龄组，对城市社会生活的精神文化、社区管理和空间规划等多方面具有日益重要的作用。由于中国城市老龄化社会有其特定的家庭伦理、文化及其城市居住水平的影响因素，城市的养老模式应该是多元化发展的。再次，妇女和儿童是城市社会生活中除了老年人和成年男子组群之外的另外两个重要的主体群，他们在日益发展的城市社会生活中担当了越来越重要的角色。最后，由于城市规划本身具有的系统性的特征，其规划控制的特点十分显著，需要妥善控制各有关系统，并监督各项控制。

城市社会心理学所阐述的城市环境压力等现象，关于社区的相关定义和研究以及对社会空间结构、老龄化社会、社会运动中的妇女和儿童、城市规划决策过程的相关论述将城市规划与社会心理学联系在了一起进行研究，为本书的研究开辟了新的思路。

第二章　基于资源均衡配置的城市发展模式

改革开放以来，伴随着我国城市化进程的快速推进，国内城市的数量与规模都在发生着日新月异的变化，在此背景下，本章从城市发展模式切入来探讨宏观层面城市资源均衡配置的方式。

第一节　单中心城市发展模式概述

随着经济的发展与人口的增加，城市经历着由单中心向多中心过渡的过程。归结起来城市发展经历了四个时期：第一是城市功能的形成期，第二是城市功能的成长期，第三是城市功能的分离期，第四是城市体系群的形成期。这四个时期的变化过程就是由单中心向多中心过渡的过程。

一、单中心模式在城市发展中的意义

一方面，单中心模式是城市的形成过程中不可逾越的阶段。早期所形成的城市规模都很小。虽然根据历史记载，我国古代唐长安城的人口曾经超过了百万，但当时的绝大部分城市的人口都不过万人。一直至明清时期，著名的苏州府规模也不大，城池直径不超过 10 里。因此，在城市发展的初期阶段，单中心模式无疑是最佳发展模式。

另一方面，单中心模式可以提高城市建设的效率。由于人力、物力的缺乏，集中力量进行城市中心的建设是改变早期城市发展缓慢的有效方法。因为单一中心的城市不但土地利用效率较高，而且搭配高密度的城市建筑使得所需要的城墙较短，这对于战事频繁的年代是易于防守的。

因此，在城市发展的初期，单中心模式对于城市的发展有着不可取代的作用。

二、单中心发展模式对资源均衡配置的影响

单中心模式具有城市公共资源集中布局的特点，因此其服务范围具有一定的局限性，但是对于大部分人口和用地规模比较有限的中小城市来说，单中心模式能够在确保城市建设的经济性与可行性的基础上较好地保证城市居民均衡的获得服务设施的使用权，因此，是中小城市发展模式的最佳选择。

与此同时，随着城市化进程的不断加快，城市规模也在逐渐扩大，当城市规模由中小型发展为大型时，居民享受各种服务的均等性就会产生差别，从而造成了资源使用的不均衡性。

因此，单中心发展模式能够在确保城市建设经济可行的基础上保证社会资源供给的均衡性，是中小城市的最佳选择，但对于大型城市来说，单中心发展模式无疑会使低收入群体逐渐远离城市的优势资源区域，从而导致城市资源使用产生不均衡的问题。为了解决单中心模式给大型城市带来的不均衡问题，多中心发展模式得以提出并备受推崇，这也是本章研究均衡性问题的城市模式背景。

第二节　多中心、多组团城市发展模式概述

一、多中心发展模式的相关理论

20 世纪先后出现的扇形理论、多中心理论、有机分散理论以及中心地理论等是提出多中心发展模式的理论基础。

所谓多中心模式，指在城市发展到一定阶段时，在城市内部所形成的多个具有一定功能的，分散分布而又相对集聚的核心区域。每个中心既要满足居民日常生活的基本条件，又要能够承担一种或几种突出的城市功能。各中心相对独立的同时，通过高效的交通网络与其他中心相联系。

因此，多中心城市中的每个中心在发展上应该是平等的，它们可以有城市层面上功能的互补，但是最基本的均衡标准是，各个中心所提供的资源服务水平是平等的，人们日常生活的一天都可以在中心城内完成。需要说明的是，多中心的发展模式在中小城市即表现为多组团的空间布局，虽然在规模和辐射能力上不如大城市的中心，但在整体的城市架构上，二者是相一致的。

二、多中心发展模式能够促进资源均衡配置

首先，多中心发展既是集中也是分散的，是集中与分散的有机结合。每个中心在空间上相互分离，降低分布的密度即为分散，其避免了过度集中对大城市核心和边缘区域的居民造成的不均衡发展。与此同时，城市要素在每个中心都呈现聚集形态，各个中心又在城市区域内相对聚集则是集中，其在一定程度上防止了由于过于分散导致城市发展缓慢而失去了平衡发展、同等竞争的能力。城市空间的过度分散对城市来说会使其失去其本身的意义。因此，只有有机结合集中和分散才能实现真正的均衡。

其次，多中心城市可以实现聚集经济效益和社会生态效益的统一。大城市的过度集中使得资源失衡的问题日益突出：交通拥挤混乱，房价居高不下等，在市场规则下，弱势群体逐渐被"排挤"到城市外围，这就是社会不和谐的重要体现。多中心发展模式则疏散了大城市在中心区的高度集中，能有效缓解单中心城市的一系列发展失衡问题。

最后，多中心发展可以防止城市无序蔓延和空心化。大城市的发展使得众多企业因承受不起昂贵的地价而陆续搬迁到郊区。郊区社会无序发展，城市失衡问题越来越突出。城市中心区空心化是郊区化的另一个后果，空心化包括人口的空心化和产业的空心化。前者使得城市中心区成为仅仅是工作的场所，在下班后则变成一座空城；后者使得中心区功能退化并迅速衰落，变得破败荒凉。无论哪种结果，对城市来说都是一种倒退，都是对城市资源的浪费。

因此，大城市通过发展多中心模式可以有效地维持各个中心的平衡协调发展，避免因区位差异所引发的大城市的各类不均衡现象，有利于增加大城市的活力，促进大城市和谐稳定地发展。

第三节　城市均衡发展的案例研究
—— 以东京、巴黎等为例

根据前文的分析，城市的规划建设如果在发展模式、市政公共服务设施布局、社会公共服务设施布局三大方面能够促进资源均衡配置，那么城市的整体发展则是有利于均衡发展的。在这方面，东京和巴黎的城市发展历程是值得我国借鉴的。下面将主要阐述两个城市通过城市规划促进资源均衡配置的一些主要的做法。

一、日本东京案例

（1）东京的“副中心”战略

东京曾在1958年、1982年和1987年分三次实施了“副中心”战略[①]。先后建设了新宿、池袋等7个副中心。每个城市的副中心既是所在区域实施公共活动的中心，同时又承担了城市的某些重要职能。经过多年的建设，通过“副中心”的城市发展战略，东京已经形成了各个中心在功能上既有明确的分工，又能够实现互补协调的网络化的城市空间格局，在一定程度上缓解了由于中心市区的极度拥挤所引发的交通和环境等一系列问题。

（2）建设轨道交通引导“副中心”发展

东京的副中心战略和轨道交通的建设是同步发展的。轨道交通建设主要包括两大步骤。首先通过修建一条环绕市中心的轻轨线，把各个“副中心”串联起来；其次，以各个“副中心”为起点，修建多条向近郊或邻近城市延伸的放射状线路。目前东京首都圈内已经形成了由17条国铁新干线和13条私营铁路线所构成的巨大的交通骨架。轨道交通已经成了东京居民出行的首选交通工具。因此，在多中心发展模式中，城市的格局和高效的交通共同促使东京的城市潜力得到了释放，也大幅度提升了居民的幸福指数。

（3）强调各个“副中心”、卫星城在功能上的综合性和互补性

东京的“副中心”不仅仅是商业中心，还通常是高度独立的，能够实现地区居住和工作相平衡的，同时具有多种功能的区域性综合中心。七大城市副中心基本上距离中心约10公里，定位为以商务办公和商业娱乐为主的综合服务功能，以立川、八王子和町田为核心的郊区卫星城，距离中心30公里左右，主要体现了居住功能。

东京的“多中心布局—轨道交通网络—综合性的中心”正是本文所倡导的，能够促进社会均衡发展的城市总体发展架构。首先，东京通过“副中心”战略，形成了网络化的城市格局，缓解了原来日益凸显的社会问题。其次，高效率的交通网络使东京的城市潜力进一步释放。最后，各个副中心的综合性功能和相互间功能的互补则有利于进一步实现城市的均衡发展。均衡发展是社会正义的调节器，更是社会的稳定器和推动器，而幸福指数则是城市均衡发展和社会和

---

① 为了缓解市中心区的过度拥挤引发的地价、交通、环境等不均衡问题，东京三次实施“副中心”战略。分别是1958年的“首都圈整备计划”，主要内容是建设新宿、池袋、涩谷3个副中心；1982年的“东京都长期计划”，建议将生活、周转功能和教育、研究设施向东京外围地区疏散，建设大崎、上野－浅草、锦丝町－龟户3个副中心；1987年的“临海副中心开发基本构想”，进一步扩展了商务办公空间以满足东京日益增多的国际商务活动的需求，同时建设信息化和智能化的东京通讯港。

谐的风向标。根据相关机构的调查，东京在实施副中心战略之后，居民的幸福指数有了大幅度提升，这正是副中心战略促进城市均衡的最好验证。

二、巴黎新城和副中心案例

（1）规划引导“多中心”的城市格局

众所周知，巴黎曾经是单中心模式的典型城市，传统的中心承担着城市政治、经济和文化中心的功能。出于保护古都风貌和满足城市空间增长需求的初衷，巴黎制定了以建设新城和副中心为主要内容的区域发展规划。

在距离巴黎市约10公里的第一圈层上，其建设了凡尔赛、拉德芳斯等9个副中心；在巴黎周边约30～50公里的第二圈层范围内，目前则基本形成了5个较完备的新城。

（2）新城和“副中心”的规划建设采用高标准

巴黎在规划层面就采用较高的标准，力求能够达到缓解中心城区压力的作用，拉德方斯和马恩拉瓦莱分别是副中心和新城发展建设典型的案例。

马恩拉瓦莱新城是巴黎新城中公认的最为成功的一个。新城占地约152平方公里，采用的是城市优先发展轴、葡萄串状不连续建成空间等布局模式。马恩拉瓦莱新城的成功验证了新城的布局模式是可以促进新城与老城中心均衡发展的有效手段。

位于塞纳河西岸的拉德方斯副中心是巴黎市规划的九个副中心之一，是与巴黎城区风貌有着显著区别的高度现代化的城市副中心，是巴黎最重要的商务和商业中心，也是目前欧洲最大的CBD。副中心内的外国金融机构多达170家，世界著名跨国公司和区域总部达190多个，约有13万人在此工作。其不但使巴黎的历史轴线得到了延续和升华，而且通过城市副中心的建设解决了主中心中由于原来的风貌保护以及过度发展所带来的各种不均衡问题。

三、我国大城市多中心的实证探讨——以天津西站城市副中心为例

我们所了解的西方发达国家的多中心城市通常是在原有的单中心出现了严重的问题的基础上发展起来的。因此，各方面条件和环境都足以支撑多中心的发展。对于我国的绝大多数大城市来说，北京、上海、天津较早地提出了要采用多中心的发展模式。

北京多年来一直以同心圆的模式发展，城市中的各种压力越来越凸显，在城市发展逐渐失衡的环境下，其开始了卫星城的探索，可以说是向多中心发展

的开端。然而，即使规划建设了十多个卫星城，但却由于布局过于分散，至今仍没有一个形成了新的副中心。

上海也相类似，虽然已经逐步确定和开辟了宝山、嘉定、松江等多个新城，却由于新中心的吸引力不足，使得发展一度滞后。

随着天津空间战略规划中“一主两副，双港双城”的落实，天津经济发展和城市布局进入了从单一城市核心向多中心、多功能、国际化城市发展的新格局，然而天津作为起步较晚的城市，在快速发展的过程中不可避免地形成了一些城市中相对较为落后的区域，使得城市发展失衡。为了促进城市的和谐发展，天津应该更快地发展多中心的布局结构，更快速地发展轨道交通等市政公共服务设施建设，同时在考虑空间均衡和标准公平的基础上进一步促进公共设施的均衡布局。

天津西站作为天津市“一主两副”多中心发展过程中的其中一个城市副中心，通过平衡大城市单中心城市发展过程中所引发的一系列城市问题，如人口密度过高、城市拥堵、城市郊区化等一系列城市发展失衡问题，建设了多中心来逐步分散单中心城市发展问题，而发展综合型副中心能使多中心体系群更加成熟，真正地实现单中心向多中心过渡，实现均衡发展。天津西站城市副中心位于我国南北与东西客运专线及城际铁路的“十”字走廊，规划建设了多种交通模式，如高铁、地铁、公交及长途等交通方式，是以综合交通枢纽作为城市发展引擎的城市副中心区。在城市定位、功能选择、交通系统组织、城市景观设计等方面均体现了城市副中心建设的综合性。

天津在定位地区发展模式方面借鉴了日本的经验，综合发展了金融、商务、酒店、公寓、商业等多种城市中心功能，从单一交通功能转化为了多种功能复合的城市副中心，并通过多种开发项目的紧密结合和相互依存，形成了一种多元复合、良性循环的共生体系，体现了均衡性原则。同时西站副中心建设突破了传统土地单一功能利用，采用了多元复合的城市综合体模式，通过功能复合实现了时间的复合，并具有针对性的在不同地段布置了不同主体功能的城市综合体，如枢纽商业综合体以枢纽客流为主体对象设置配套服务，核心商务区主要发展中高密度的商业金融、商务办公等现代服务业。

在交通组织方面，西站副中心突破了传统抑制交通量的方式，而在专项交通预测基础上采用生态化、低碳化政策来解决城市中心区产生的交通问题。公交优先、行人至上的人性化理念贯穿于整个交通组织规划，从交通网络构建、交通工具选择、交通设施布置及交通环境营造等方面综合考虑城市中心区交通问题。例如，多条快速轨道交通换乘设计可以快速地缓解城市客流集散；地区公共交通站点密度高于城市其他地段；采用 80 ～ 200 米的人性化街廓尺度，道路网密度达到了一定的限度；设置非机动车专用车道及绿色廊道，鼓励步行与非机动的出行方式等，这些人性化的交通组织方式均体现了交通组织的均衡性。

西站副中心的核心地区设计了近百米宽长约一公里的绿化廊道，为人们提供了多样的休闲游憩设施，这在寸土寸金的城市核心区是一次大胆的尝试。此外，西站亲水空间营造也体现了人性化理念，通过设计参与性强的亲水岸线，布置直接亲水的建筑组团，使人们能够同等的享受到优美的水岸环境。

天津西站城市副中心规划作为多中心发展模式的典型案例，随着副中心的不断建设发展，将为国内其他多中心城市副中心建设提供有力的参考。

第四节　研究结论

一、主要结论

中小型城市将以较高比例长期存在是毋庸置疑的事实，对于大部分中小城市来说，单中心发展模式能够在确保城市建设经济可行的基础上保证社会资源供给的均衡性，是中小城市通过城市模式的选择主动实现均衡发展的最佳选择。与此同时，随着城市化进程的进一步加速，中小城市逐渐发展成为大城市，此时，单中心模式的优势则变为了劣势，并将会引发一系列的发展失衡现象。根据前文研究，多中心发展已成为大城市空间格局演变的主导方向和实现城市均衡发展的重要选择。只有通过多中心的方式实现城市结构和功能的转移，防止因城市功能、人口和产业向核心区的过度集中，才能有效地促进我国大城市更加均衡的发展，才能更好地保证社会和谐。

二、实践意义及在城市总体规划中的应用

通过上文的分析总结，笔者认为，在城市总体规划合理预测城市未来人口与用地发展规模的基础上，根据本章的研究结论选择与其相适应的城市发展模式能够从根本上避免大城市无序蔓延与空心化现象的产生，不仅能够从城市最为根本的发展方向上促进城市均衡发展，还能大幅度地提高城市的建设效率，最终有力推进城市可持续发展目标的实现。

第三章　资源均衡配置视角下城市重大公共设施布局

第二章阐述了多中心的城市布局模式能够促进资源均衡配置，本章在此基础上研究了城市的重大公共设施布局。本章将城市重大公共设施布局分为了城市公共服务设施和社会公共服务设施两类。

在多中心的城市中，城市市政公共服务设施的规划布局是城市资源配置的核心问题。各个中心的市政公共服务设施布局是否配套完善将直接影响到它的均衡发展。

因此，本章将分别以城市市政公共服务设施布局和城市社会公共服务设施布局为主要内容，研究城市在资源均衡配置中的实施路径。

第一节　市政公共服务设施的均衡配置

基于第二章“多中心是实现城市均衡发展的有效模式”的研究结论，本节针对多中心的发展模式确定之后首要被关注的交通等市政公共服务设施布局进行了更深入地研究，以寻求市政公共服务设施均衡布局。延续前文所提出的城市模式从单中心到多中心的发展，其可以被理解为是由一个蛋糕变成了多个蛋糕，因而能够吃到蛋糕的人自然就增多了。但是，多个蛋糕首先面临的问题就是这些蛋糕的胚子是不是都一样。因此，本节所要研究的内容也可以形象地比喻为如何让这些蛋糕的胚子做到同等质量，以利于最终形成同等质量的蛋糕。

一、实现城市市政公共服务设施均衡配置的重要性

（一）基于均衡理念的城市市政公共服务设施的内涵

本章节中所涉及的城市市政公共服务设施包含交通运输系统、能源系统、

水源给排水系统、邮电通信系统、生态环境保护系统和防灾系统等六个方面的内容。并在此基础上定义了基于均衡理念的城市市政公共服务设施的概念，即在进行城市布局的时候，为实现地区的可持续发展，必须保证城市每个中心组团的市政公共服务设施建设的完善与配套。

（二）市政公共服务设施促进城市均衡发展的重要性

市政公共服务设施的布局是城市经济布局合理化的重要前提：若把国民经济视作人体看待，市政公共服务设施犹如人体的生理系统，交通则是人体的脉络系统，邮电是人的神经系统，给排水是消化和泌尿系统，电力是血液循环系统，要维持人体正常运转，这些系统缺一不可。每个中心的市政公共服务设施发展的良好与否，都在很大程度上制约着中心的发展，最终将会制约整个城市的发展。

要实现城市经济、社会和环境效益的统一，城市市政公共服务设施至关重要，这种重要性主要表现在以下几个方面：

首先，城市的市政公共服务设施是城市发展所要具备的基本条件。以深圳、珠海等特区城市为例，其仅用了10年左右的时间就发展成了如今大家所熟知的现代化大城市。其中一个重要的原因是，在城市发展的初期阶段其就优先建设了较大规模城市市政公共服务设施。由此可知，在城市的形成和发展过程中，城市市政公共服务设施建设起着至关重要的作用。

其次，城市的市政公共服务设施能保障社会经济的正常运转。以上海、北京、天津为例。20世纪80年代，北京市曾因为拉闸停电限电造成了30亿元工业产值的损失。在实现引滦入津前，天津市曾经因为仅仅剩余了两个星期左右的供水量使城市几乎陷于整体瘫痪。

再次，城市的市政公共服务设施是城市居民生活质量的重要制约因素。完善的市政公共服务设施可以为市民创造卫生舒适的工作和生活环境，同时也能提高市民的生活质量，以实现最终的城市经济的持续发展。

最后，城市的市政公共服务设施是城市发挥聚集效益的决定因素。良好的市政公共服务设施能促使各经济单位的分工协作与联系，聚合城市范围内的各类经济要素，实现城市在经济、社会和生态环境等方面聚集效益的提高。

综上所述，城市发展要以市政公共服务设施为基础，城市社会经济运转要以市政公共服务设施为骨架，城市居民的安全美好生活要以市政公共服务设施为物质前提。城市市政公共服务设施的重要性不容忽视。因此，即使多中心的发展模式能促进城市均衡发展，在多中心城市，也要保证各个中心的均衡发展，必须均衡地配置各个中心的市政公共服务设施，促进该中心经济、社会、环境的共同发展，以实现真正的均衡发展。

二、以交通设施为例探索均衡的市政公共服务设施布局

交通建设一直是地区或城市发展的“先行者”，城市的道路系统对城市起着“骨架”的作用，也对其他的市政公共服务设施建设有着统领的效果。因此，城市发展尤其是多中心多组团模式的选择只是寻求均衡发展的起步，另外还需要有以交通为主的市政公共服务设施的均衡规划来支撑各个中心的建设，这才能够将均衡的理念真正贯彻下去。本节将以交通设施为例来探索城市市政公共服务设施的均衡布局。

（一）均匀配置城市道路资源，在建设时序和标准上应向外围道路倾斜

对单中心城市来说，优先发展中心区的市政公共服务设施建设，保障中心区的设施需求是毋庸置疑的。然而对于多中心、多组团的城市布局方式，尤其是由单中心转为多中心发展的进程中，考虑到未来各中心的均衡发展，则应转变思路，优先发展城市外围或新建中心的道路联系，进而全面推动市政公共服务设施的建设。

对于城市的新中心或外围组团而言，如果没有高效的交通系统，其也就失去了对外的联系，在整个城市中缺乏生命力，起不到分担城市功能的作用，就不能缓解原城市中心发展失衡造成的压力，这与构建多中心城市布局的初衷是不符的。因此，优先发展新建地区的交通联系，加快设施建设是进一步促进多中心城市均衡发展的重要环节。

（二）遵循“以人为本，路权平等”，配置城市道路资源

依据国际上惯用的城市道路管理理念，城市交通的目的应该是以实现人和物在空间上的移动为目标的，而不应该仅限于车辆的移动。以此为依据，实现道路资源的均衡配置就应该以行驶车辆运载的人的数量为基础进行分配，而不是以车为单位进行分配。某种车辆所运载的人越多，它所享受的道路资源就应该越多。这是“以人为本，路权平等”的内涵，是实现道路资源均衡配置的重要原则。

因此，城市规划需要尽快改变传统的做法、摒弃无限制增加城市道路市政公共服务设施的思路，强调以人为本，路权平等，重新分配道路资源，为运

载人数较多的城市公共交通保留充足的路权，以充分体现道路资源配置中的均衡性。

（三）通过加强城市用地规划和轨道交通规划的协调性促进城市均衡发展

实践证明，如果轨道交通没有与土地开发相联系、与地区的空间组织相关联，那么就算是没有实现真正的均衡发展，同时还会导致缺乏换乘配合的问题，从而导致城市低效问题的产生。因此，在城市新中心规划中，这个问题同样存在并且非常重要。

在2009年北京市新增的47平方公里的储备用地中，超过八成是位于轨道交通沿线的重点项目用地和政策性住房用地。上海市也在2009年的住房建设计划中提出要把城市保障性用房的用地有限布局在轨道交通和重要城市环线周边。

实际上，如果能通过规章的形式明确轨道交通两侧适当范围的用地来用于住宅建设，特别是社会保障房的建设，就能避免现在某些城市把保障性住房集中建设在轨道交通线末端的做法。那么，保障性住房建设与城市轨道交通建设就能实现良性结合。因此，在城市用地规划中，强化与轨道交通规划的协调性能优化资源的均衡配置。

本节交通设施均衡布局的原则方法同样应该运用在其他市政公共服务设施的布局中，通过开发时序和标准上的倾斜、以人为本的资源配置模式以及加强市政公共服务设施和用地规划的协调性共同促进各个中心的均衡发展。

第二节　社会公共服务设施配置的均衡性研究

通过前文的研究，我们确定了多中心多组团的城市布局模式是促进城市均衡发展的有效手段，同时，交通等市政公共服务设施建设是保障城市均衡展的重要环节，其解决了城市基本布局、各中心基础建设和相互联系的均衡性问题。下面将重点研究关于每个中心吸引力的均衡性问题，即与居民生活质量最为相关的社会公共服务设施布局问题。同样以蛋糕理论来说明，城市公共服务设施就如同蛋糕上的奶油、巧克力、水果等决定蛋糕口味和价位的食材，只有这些食材的级别一致了，每个蛋糕的价位才是一致的。

一、社会公共服务设施相关内容

（一）社会公共服务设施用地

《城市公共设施规划规范》（GB50442-2008）把城市公共设施分为了强制性和指导性两类。强制性公共设施主要指城市必须设置的公益性公共设施，主要有行政办公、体育、教育科研设计、医疗卫生、社会福利以及文化娱乐中的图书馆、展览馆、博物馆、文化馆等设施。指导性设施主要指城市依据实际情况配置的经营性公共设施，主要有商业金融、电影院、剧场、游乐等设施。

而依据最新标准《城市用地分类与规划建设用地标准》（GB50137-2011），公共设施用地又分为“公共管理与公共服务设施用地”和“商业服务业设施用地”。考虑到城市的中心通常是政治、经济、文化的中心，因此本章节的社会公共服务设施仍涵盖着这两大类。

（二）社会公共服务设施的均衡配置内涵

在我国经济与环境快速发展的同时，也包含着城市生活质量不尽如人意的现象。虽然政府越来越重视城市居民的生活质量，但提升速度仍相对缓慢，原因在于整体生活质量的提升有赖于社会公共服务设施均衡性的实现。可以说，社会公共服务设施的规划的目的是满足城市居民的生活所需，提高城市整体生活的环境质量。因此社会公共服务设施的均衡性包含空间均衡和标准均衡两个方面。

本书所指的空间均衡不仅是指使居民可达于基础社会公共服务设施的机会与能力的均等，还更加强调对于不同的目标群体与不同年龄群体都应能获得这种选择能力的机会。因此均衡的内涵有别于过去均衡的概念，其并不只是资源的“供需分配”而造成差异化的现象，而是通过供需的概念追求空间中各空间单元之间对于设施资源的均等使用机会。本节重点研究的是普遍适用于城市各类社会公共服务设施布局的原则和方法。

关于社会公共服务设施标准均衡，其指的是社会公共服务设施在城市中的地位或被认可度，主要包含教育的师资力量、医疗的服务水平等软件方面的标准，这在一定程度上决定着社会公共服务设施作用的发挥和使用频率。相比较而言，空间均衡决定着社会公共服务设施的有和无的问题，标准均衡则是确定社会公共服务设施实际效用上的均衡程度。

二、城市社会公共服务设施的空间均衡

通过大量基础研究，本节将社会公共服务设施的空间均衡布局分为定量、定位和评价三步骤。定量即把社会公共服务设施进行等级划分，同时根据现行的国家及地方相关规范，明确其服务范围和规模。定位是根据相关区位理论建立数学模型，通过计算，进一步确认社会公共服务设施的选址。评价是基于可达性的角度，选择适合的评价方法，对初步确定的布局方案进行评测，以确定是否合理。

（一）划分等级，明确社会公共服务设施服务范围

我国目前的社会公共服务设施规划存在着过度集中，辐射效果不明显，各类规范存在差异从而使指导价值折减等问题。社会公共服务设施的过度集中导致存在的资源配置失衡问题与单中心城市类似，不利于其他片区或远距离居民进行使用，不利于社会公共服务设施功能的发挥；各类规范指导作用的缺乏使得社会公共服务设施的布局无章可循，尤其是大型社会公共服务设施，更需要彰显均衡。因此，本节以新加坡为例，研究基于资源均衡配置的城市社会公共服务设施的等级划分和服务范围的确定。

新加坡位于马来半岛南端，毗邻马六甲海峡，土地面积 700 多平方公里，人口约 500 万，一直以优美的城市轮廓、高质量的公共住房、明晰的城市天际线以及高效的公共设施和基础设施而闻名。

新加坡全国共分 5 个区域，分别为东区、东北区、北区、西区和中区，公共设施分为 3 个级别，分别为区一级、镇一级和邻里中心。

根据相关的考察研究，对新加坡的公共设施布局的特点归纳如下：

①公共服务设施都有明确的服务范围，且各级设施的服务范围非常清晰，布局均等。

②建设立体复合的高等级的公共服务设施，实现土地的集约利用。设置在商业中心内的镇一级的公共图书馆就是复合的典型例子。

③公共服务设施中心的布局都相当集中，同时通过紧密结合轨道交通站点进行设施，实现了便捷换乘。

④由于社区的公共服务设施是最经常、最直接体现公众参与的场所，需要重点引导社区的公共服务设施体系。

另外，我国的各类规范也有相关的公共设施分级，总结已有的与公共设施规划相关的规定、规范的公共设施总体分级情况，如表 3-1 所示。

表 3-1　已有的公共设施的总体分级情况

规定规范与法律法规	分级规定
城市规划编制办法	市级中心、区级中心
城市规划定额指标暂行规定	市级、居住区级、小区
城市商业网点规划	市级、区域级、社区级
公共图书馆建设用地指标	中型馆、小型馆
城市公共体育运动设施用地定指标暂行规定	市级、区级、居住区级、居住小区级
城镇老年人设施规划规范	市级、地区级、居住区级、居住小区级

从上表可以看出，我国公共设施的分级仍存在优化的空间。依据新加坡的经验，对我国的公共设施分级进行优化：在城市规划中需要首先明确各个等级公共服务设施的服务范围；然后在服务范围内，通过下一层次的规划，动态协调公共设施的位置，保证弹性、均衡性和可操作性。因此，在城市总体规划中公共设施分级如表 3-2 所示。同时，为促进城市均衡发展，在确定公共服务设施等级和服务范围的基础上，对于市级的大型社会公共服务设施，建议分散布局；对于片区级的设施，建议细化相关规定；居住区级的社会公共服务设施相关要求在《城市居住区规划设计规范》（GB50180-2018）中有详细规定，在居住区设计中应遵循。需要强调的是，相关数据的对象是大城市，分为市级、区级和居住区级。实践中应根据城市的人口规模选择对应的层级。

表 3-2　大城市社会公共服务设施分级

社会公共服务设施分级	服务人口（万人）	服务半径（公里）	出行时间
市级	50−100	4−10	公交车出行时间控制在 40 分钟以内
区级	15−20	2−3	自行车出行时间控制在 20 分钟以内
居住区级	3−5	0.8−1	自行车出行时间控制在 5−8 分钟 步行时间控制在 15−20 分钟

（二）基于区位模型的社会公共服务设施的选址

20 世纪 60 年代末期，忒兹（M.Teitz）在《走向城市公共设施区位理论》一文中，提出了公共设施的区位理论，探索了兼具效率与公平的最优城市公共设施布局，开拓了城市地理学—区位研究的新领域。以距离为例，根据拟建设施的服务范围和相关的标准来选择要建设设施的布局地点。假设如果要建设市民活动中心，有 10 个备选地，即考虑选择 1 个作为设施的建设地点（图 3-1）。假设备选地都是居住区或者居民点，各居住区内居住的居民人数大致相等，且居民都是以最短的距离利用最近邻的社会公共服务设施。如果要使所有居民点的居民到社会公共服务设施的距离尽量地短，我们就需要把从各居民点到该设施的总移动距离的最小化作为选择设施区位的选择标准。从下表可以看出，对所有居民点来说，如果设施建设地点选择在 7 号地点就能实现总移动距离的最小化（表 3-3）。

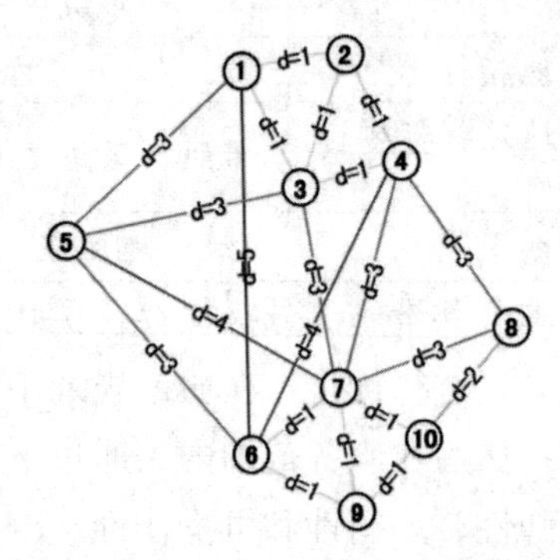

注：图中①表示备选地点（数字为编号）；“—d=2—”表示道路网（d=2 表示单位长度为 2）

图 3-1 设施区位假设图

表 3-3 各备选地点总移动距离计算表

地点	各居民点到备选设施的移动距离										总移动距离
	①	②	③	④	⑤	⑥	⑦	⑧	⑨	⑩	
①	0	1	1	2	3	5	4	5	5	6	32
②	1	0	1	1	4	5	4	4	5	5	30
③	1	1	0	1	3	4	3	4	4	4	25
④	2	1	1	0	4	4	3	3	4	4	26
⑤	3	4	3	4	0	3	4	7	4	5	37
⑥	5	5	4	4	3	0	1	4	1	2	29
⑦	4	4	3	3	4	1	0	3	1	1	24
⑧	5	4	4	3	7	4	3	0	3	2	35
⑨	5	5	4	4	4	1	1	3	0	1	28
⑩	5	5	4	4	5	2	1	2	1	0	29

事实上，只选择 1 种社会公共服务设施的区位还是相对简单的，如果同时要选择多种设施的布局选址，问题就会变得相对复杂了。以同时进行两个设施选址为例，选择地点 3 和 9，各居民点到达两个设施的距离总和为 25+28=53；选择地点 7 和 10，各居民点到达两个设施的距离总和为 24+29=53；距离之和相等，但服务圈发生了变化，在整个居民区范围内的位置也不一样。因此，同时对多个社会公共服务设施进行选址的时候，要划定每个社会公共服务设施的服务范围，把综合最优的结果作为衡量的最终指标。例如，要为 3 个设施在 10

个备选的地点中进行选址，那么，组合方案的数量就多达 120 种。当拟建设施和候选地点更多时，组合方案的数量就会大大增加，这种情况下要得出最佳方案就需要利用计算机来辅助完成了。

（三）基于可达性角度的社会公共服务设施布局评价

城市社会公共服务设施作为重要的社会资源正广泛受到各国学者的关注。公共设施的可达性和均衡性也已经成为目前公共设施空间布局研究的热点问题。从现有的研究成果中可以发现，公共设施布局的空间合理性研究主要是从设施的区位和供给数量方面进行分析的。但不仅是区位和数量，公共设施的在空间上是否能满足其服务范围内人群的使用需求也是影响其合理性的重要因素。

根据已有研究，在探讨设施服务均衡问题方面并没有明显的方法，直到地理学方法论的应用才使其得到了较好的解释。运用可达性概念评估设施的服务质量，主要在于衡量设施的可达性。公共设施的可达性好被视为是城市功能的衡量指标，也是公共设施均衡布局的衡量指标。在考虑均衡上，曾有研究者将衡量设施服务的方法归为五类，包括容纳法、覆盖法、重力模型、旅行成本与最小距离法（表 3-4）。

（1）容纳法

通过把城市划分为许多小的区域以计算每个区域可获得的设施数量。例如，国外针对公园供应的标准设置，大部分是遵照 NRPA（The National Recreation and Park Association，国家娱乐公园协会）所建议的每千人十英亩（4.1 公顷）的开放空间标准来进行设置的，而欧洲方面则是 NPFA（the National Playing Fields Association，全国运动场协会）建议的六英亩。许多城市都以此计算相关设施系统供应是否合理。然而，容纳式方法的问题在于假设设施供应的效益只分给之前所定义的区域内的居民，而没有外部性发生在其他周边区域，同时也假设区域内的居民都满意从指定设施得到的服务，而这种假设是不切实际的。

（2）覆盖法

概念与容纳法相近，主要差异点在于服务范围的设定方法，其不以区域作为分布的方式，而是以服务半径的概念划定服务范围，覆盖式可达性指标的优点是可以计算设施空间分布所涵盖的人口比率，但是如何区分出服务范围内服务量的差异仍是一个有待解决的问题。

（3）重力模式

本身最大的问题在于阻抗系数的决定，但其距离衰退特性的观念是最为符合设施特性之做法。

（4）旅行成本

计算某一需求点至全部设施的平均所需成本（考虑旅行时间与距离）。除了将距离纳入考虑外，也把个体旅行时间考虑进去，但其概念稍显简陋，忽略了各设施层级上的差异所造成的旅行时间效益上的差别。

（5）最小距离法

计算一需求点与最近设施的最短距离。其缺点是以直线距离来量测绘，忽略了使用者的空间移动方式，与现实会有所出入。

以上方法在评价重点和实际应用中各有侧重，应根据设施的属性有针对性地选择使用：容纳法和覆盖法由于相对粗略，适用于前期的方案阶段；重力模式通过对阻抗系数的选择，可以作为方案合理性的支撑或者对于建成区域进行评价；而旅行成本和最小距离法因会与现实存在差异，可用于较小区域的评价或作为某一类公共设施的评价。

表 3-4　空间可达性指标方法与定义

方法	定义	应用
容纳法	计算某一测量单元所能获得的设施或服务的数量	总规阶段，前期方案评价
覆盖法	计算某一设施在指定服务半径范围内所能服务的数量	
重力模式	计算某一需求点所获得的全部设施服务量的综合，单一设施计算方法为设施面积除以距离阻抗	控规阶段，方案合理性的支撑或对于建成区域进行评价
旅行成本	计算某一需求点至全部设施平均所需成本（考量旅行时间与距离）	修规阶段，用于较小区域的评价或作为某一类公共设施的评价
最小距离法	计算某一需求点与最近设施的最短距离	

现以天津市为例，选择几个典型的居住小区，用最小距离法对小区居民使用公共服务设施的均衡性进行评价（图 3-2 ～图 3-4）。

天津大都会

项目	名称	距离
购物	沃尔玛购物广场	650米
银行	建行福安大街支行	114米
医疗	四面钟医院	800米
地铁	1号线二纬路	881米
火车站	东站	1900米
公交站	13条线路	100米
休闲	中心绿地	100米
	海河	500米
文化	古文化街	1300米
小学	5所	500米

图 3-2　天津大都会社区的设施距离

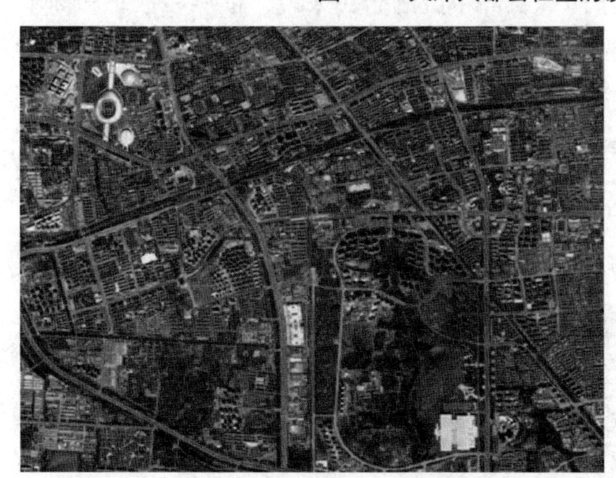

海逸长洲

项目	名称	距离
购物	田园商业广场	2000米
银行	中行、工行等10家	500米
医疗	梅江医院	400米
地铁	1号线土城站	3600米
火车站	东站	10000米
公交站	6条线路	200米
休闲	梅江公园	1200米
文化	科技馆	3200米
小学	1所	500米

图 3-3　天津海逸长洲社区的设施距离

北宁湾

项目	名称	距离
购物	人人乐购物广场	200米
银行	农行、邮政等4家银行	200米
医疗	新开河医院	400米
地铁	1号线洪湖里站	4000米
火车站	西站	5000米
公交站	14条线路	200米
休闲	北宁公园	2000米
文化	海河、天津之眼	4000米
小学	3所	500米

图 3-4　天津北宁湾社区的设施距离

通过分析可以得出：三个居住区周边的公共服务设施均满足其服务半径和出行时间需求。如果把服务半径的最大值和最小值进行比较和统计，天津大都会周边的设施均衡性较高，对于海逸长洲小区的居民来说，依靠私家车和徒步出行的居民在使用周边设施的时候会有较大的差别(图 3-6)。因此，三个小区中，天津大都会周边的设施布局是相对均衡的。

项目	天津大都会	北宁湾	海逸长洲
购物	650米	200米	2000米
银行	114米	200米	500米
医疗	800米	400米	400米
地铁	881米	4000米	3600米
火车站	1900米	5000米	10000米
公交站	100米	200米	200米
休闲	500米	2000米	1200米
文化	1300米	4000米	3200米
小学 (500米)	5所	3所	1所

图 3-5　三个居住区周边公共服务设施距离比较

三、城市公共设施的标准均衡

（一）城市公共设施实际使用均衡性现状

根据对城市公共设施实际使用情况的调查发现，按照空间均衡的衡量标准，很多新建区域内的公共设施的规模、可达性等指标虽然相对较高，但使用频率却不高。经过走访和分析发现，造成这种现象的原因主要是新建区域内公共设施的标准不够高，不能够满足居民的服务需求。这里所说的标准不是硬件上的标准，而主要指“软性”标准，包括教育的师资力量，医疗的综合服务水平等。

就我国的现状而言，城市新建区域多在城市外围，而选择在外围居住的则多是缺乏经济能力的中低收入群体。这种“低标准—高要求”的不匹配现象就是一种不均衡的社会现象，导致了成熟区域的公共设施被超负荷使用，而新建区域的公共设施却没有真正发挥作用。

教育标准的不均衡。以天津市中北镇为例。位于西青区的中北镇居住区是天津生态小城镇发展的试点，也是各外围组团中第一个启动的小城镇开发项目。中北镇居住区最大的优势在于其得天独厚的优越环境，地处具有百年历史的花卉之乡的中北镇是中国百强镇之一，依托镇内的天津一汽生产厂、曹庄花市等产业已为中北镇提供了丰富的就业机会。有关部门规划将陆续投资30亿元建设医院、文化中心、体育中心、四星级酒店娱乐中心、商业区等基础设施。到目前为止，中北镇在新建组团中已经相对成熟，各项公共设施的配置也都基本投入使用，可是在一定程度上仍然存在着不均衡的问题。比较突出的是，中北镇新建的中小学虽然按照规划正在逐步建设，但是学校的综合排名在全市并不理想，中北镇的居民依然会想尽办法把自己的儿女送到市中心的重点学校上学。究其原因，各项硬件指标虽不低，但教学质量却得不到居民的认可。

医疗标准的不均衡。社区医院无人问津，形同虚设，大型综合医院每天人满为患。这种现象已经成为各大城市存在的普遍现象。天津的华苑居住区是天津市安居工程重点起步区，由于起步较早，同时也位于市区范围内，因此教育问题在这里并不突出，相对突出的却是医疗的不均衡问题。虽然配建了华苑医院和各社区卫生服务站，但是根据我们的调研，绝大多数的居民仍然会选择去相对较远的天津市第一中心医院甚至是天津市总医院就诊。医疗标准不均衡还存在另外一个现象，即大型医疗设施过于集中的问题。以天津大学为中心，半径两公里的范围内就有四家综合三甲医院和一家专科三甲医院：医科大学总医院、第一中心医院、中医一附院、南开医院和中心妇产医院。

体育设施的标准不均衡。大型体育设施常常由于建设的标准过高导致使用率过低而存在资源配置不均衡的问题。大型体育场馆的建设通常举全市之力量，从规模到各项配套都是一流的，需要花费很高的投入和维护费用。但是这样的设施却不是市民日常所能使用得到的。市民最经常使用到的中小型的场馆标准却相对较低，就现状情况看，中小学和大学的体育设施相对更受市民的青睐，这也是由于标准不匹配导致的资源配置不均衡的问题。

其他的公共设施也同样存在着标准的不均衡现象，不均衡的类型与以上所描述的教育、医疗和体育的现象相类似。如文化设施通常兼有医疗设施和体育设施的不均衡现象，大型场馆过于集中，中小型场馆却标准相对较低。再如社会福利设施，则存在设施设备不配套，服务功能不齐全等问题。

当然，我们也应该看到现实中好的方面。有相当一部分区域政府机构的外迁带动了新区域的快速发展，如天津的津南区政府从咸水沽镇搬迁到了八里台镇，使八里台镇在短时间内建设了多个大型居住区和大型公共配套设施，这就是很好的证明。

由以上分析可知，对于公共设施的布局，在空间均衡的基础上，还应该努力做到标准的均衡，只有实现了标准的均衡，才是公共设施布局真正意义上的均衡。

（二）城市公共设施标准均衡的提出

标准均衡的提出主要是前文所描述的，在实际建设中所存在的区域内虽然有级别相符的公共设施，但是由于标准低于同级别的其他区域的设施，因而得不到居民的认可。为了获得较优质的服务，居民仍然会“舍近求远”，跨区域使用公共设施。这样的公共设施不仅不能够服务于本区域的居民，同时还不能够起到带动区域发展的作用。在多中心的城市布局中，标准的不均衡所导致的结果是各个中心发展的不平等，是有违城市规划促进城市均衡发展的初衷的。

（三）实现标准均衡的规划对策

根据城市规划的定义可知，城市规划在本质上属于公共决策，同时，公共服务的各类设施都是由政府来进行决策和管理的，所以，城市规划作为公共决策的手段之一可以促进公共服务设施标准均衡的实现。

一方面，可以通过政策调控促进人才资源的合理分配，逐步实现服务设施的标准均衡。针对新建公共服务设施标准均衡缺失的现象，政府可以通过薪资待遇、住房补贴等调控政策来引导人才资源进行均等化、合理化的分配，进而逐步促进公共服务设施技术与管理服务水平等软件条件的提升。

另一方面，可以通过搬迁扩建来为新建区域提供软件条件成熟的服务设施，以促进标准均衡的实现。客观上来讲，对于新建的城市中心或城市组团来说，教育、医疗等公共服务设施很难在短时间内发展成熟并得到该区域居民的认可，与此同时，城市中个别片区存在软硬件兼具的公共服务设施过度集中的问题，针对以上两种现象，笔者认为，政府等相关部门可以通过区域调配，规划落实的方式，把过于集中的公共服务设施进行搬迁扩建，使其服务于新建的城市中心或城市组团，在实现公共服务设施标准均衡的同时促进设施资源作用的充分发挥。

第三节　研究结论

一、主要结论

在城市发展采用多中心模式的基础上，市政公共服务设施和社会公共服务设施是城市均衡发展所面临的主要问题。为了保证均衡规划，本章通过探索研究得出了以下结论。

市政公共服务设施规划：为了实现各城市中心的均衡发展，需要“以人为本”，从优化市政公共服务设施的布局，到加强城市用地规划和交通等市政公共服务设施规划的协调性等方面着手，避免因为市政公共服务设施的规划不到位或不合理而使多中心的城市布局成为空谈。

社会公共服务设施规划：每个城市中心各自的社会公共服务设施布局同样需要体现均衡。可以说，市政公共服务设施配套提供了中心区建设的基本条件，与此同时，公共服务设施的布局则是该中心可持续发展的重要保证。本章提出了空间均衡和标准均衡的概念，以对公共设施的均衡布局进行探索，希望能提供一个均衡的布局理念和方法。

也可以用蛋糕理论来阐述本章的重要结论。如果把城市的中心比作蛋糕，城市模式从单中心到多中心的发展可以理解为一个蛋糕变成了多个蛋糕，能够吃到蛋糕的人自然就增多了。蛋糕变多了，则需要面临新的问题，那就是这些蛋糕的胚子是不是都一样，如果只是面团子，那么做出来的就是面包而不是蛋糕了，原来由一个蛋糕所引发的不均衡问题还是得不到解决。因此，做同等质量的蛋糕胚子以让更多的人吃到蛋糕也是很重要的一个环节。

另外，城市公共服务设施就如同蛋糕上的奶油、巧克力、水果等决定着蛋糕口味和价位的食材，只有这些食材的级别一致了，每个蛋糕的价位才是一致的，吃到蛋糕的人才会感受到真正的均衡。

总之，蛋糕的数量、蛋糕胚子和重要食材共同决定着吃蛋糕的人的均衡感受，换言之，就是城市多中心的布局、城市市政公共服务设施和城市的社会公共服务设施共同促进了城市社会的均衡发展。

二、实践意义及在城市总体规划中的应用

本章的研究结论对城市总体规划阶段中市政公共服务设施及社会公共服务设施的均衡性布局具有重要的指导意义。对于选择多中心发展模式的大型城市来说，一方面，市政公共服务设施的发展状况是制约各个中心发展的主要条件，在城市总体规划阶段，根据本章的研究结论，通过开发时序和开发标准的倾斜、以人为本的资源配置、加强市政公共服务设施和用地规划的协调性等规划对策，可促进市政公共服务设施的均衡性布局；另一方面，社会公共服务设施与各个中心居民的生活质量最为相关，在城市总体规划阶段，通过规范的细化、量化的布局方法以及相关政策的调控可实现城市公共服务设施的均衡性布局，从而使得各个片区居民的生活质量都能得到近似均衡的保障。

第四章　在重大公共资源周边构建均衡的城市用地指标体系

前文从宏观的角度研究了城市规划首先需要落实的，也是关键性的城市发展模式、基础设施布局和公共设施布局问题。这些均衡布局的实现需要结合规划实施管理层面的控制，需要从均衡的角度对各项指标进行落实。本章所研究的即是运用前文的相对剥夺理论，引入基尼系数，通过分析基尼系数的本质以及基尼系数与社会心理学中“相对剥夺”概念之间的关系，探索均衡指标的构建方法。

第一节　重大城市资源的确定

一、重大城市资源的定义

城市资源是指城市影响力空间内的自然、经济、社会及其历史诸要素的总和。从存在方式与表现形态上城市资源可以分为：自然资源、人文资源、人力资源和无形资源等。

本文将所要研究的重大城市资源定义为：在城市空间内所存在的，具有用地资源不可再生的稀缺性特征，能给人们的生活品质带来提升的，应由全体社会成员共同享有的自然、人文等资源。

由于城市资源种类繁多，本章拟选定对于转型期的我国社会具有重大意义的城市的公共绿地和快捷交通周边进行重点研究。

二、均衡指标数学模型的构建：基尼系数和洛伦兹曲线

20 世纪初，在研究国民收入与实际分配的关系等问题时，美国统计学家洛

伦兹（Max Lorenz）提出：城市人口的累计百分比和收入的累计百分比之间存在着线形关系，可以通过“洛伦兹曲线”来表示。基尼提出的这个数字化指标后来被称作基尼系数。

基尼系数主要是测量居民内部的收入分配差异程度的量化指标。通过计算基尼系数，可以比较客观和直观地反映出社会各个阶层之间的收入差距，有效地预报和警示社会贫富两极分化的程度，并在此基础上说明特定时间内社会收入分配的均衡情况。基尼系数在一定程度上解决了经济协调中有关“度”的问题，被认为是衡量社会收入分配均衡性最有效的指标之一，在很大程度上也是社会稳定程度的重要衡量指标。

通过分析洛伦兹曲线，我们可以理解如何通过基尼系数判断收入分配的均衡程度（图 4-1）。假设直线 OD 为收入分配的绝对均衡曲线，曲线 OD 为实际的收入分配曲线。那么，用 A 表示二者之间的面积，用 B 表示实际收入分配曲线的右下方面积。因此，可以用公式 A /（A+B）表达收入分配的不均衡程度。

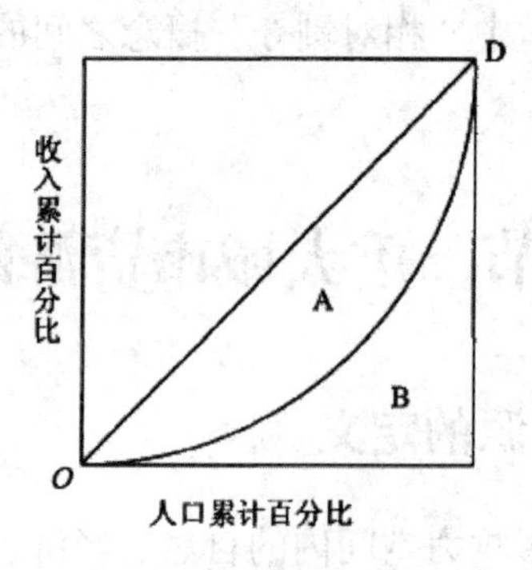

图 4- 1　洛伦兹曲线图

上述公式计算得到的数值称为洛伦兹系数，也就是前文所说的基尼系数。通过分析公式可知，假设 A 为零，那么基尼系数的值也为零，象征着收入分配的绝对均衡；假设 B 为零，那么基尼系数的值为 1，则表示收入分配的绝对不均衡。从图形上看，洛伦兹曲线的弧度越小，即公式中的分子 A 越小，基尼系数越小，收入分配越趋于均衡；相反，如果洛伦兹曲线的弧度越大，即公式中的分子 A 越大，基尼系数就会越大，那么收入分配越趋向于不均衡。

在相当长的一段时间里，国内很多学者都对基尼系数的计算方法进行了深入的研究，也提出了很多不同的计算公式。本书认为由山西农业大学的张建华先生所提出的公式较能反映基尼系数的特性：首先得有一定数量的人口收入情况，然后按收入由低到高把人口分为数量相等的 n 组，并进行降序排列，同时，假设从第 1 组到第 i 组的所有人口的累计收入占全部 n 组人口的总收入比重为 W_i，那么可以得到以下公式：

$$G=1-\frac{1}{n}(2\sum_{i=1}^{n-1}W_i+1)$$

另外，依照国际上常用的方法可知基尼系数下限一个简单的算法为：假设洛伦兹曲线上一点是（m，n），那么 $G \geqslant m-n$。比如说，美国家庭中最富有的 20%，掌握了 60% 的国民财富，换一种说法，收入较低的 80% 家庭只拥有 40% 的财富，那么基尼系数 $G \geqslant 80\%-40\%$，即 $G \geqslant 0.4$。事实上，这种方法找到的基尼系数的下限值也等于 60%−20%=0.4，因为 $m-n=(1-n)-(1-m)$。通俗地讲，基尼系数的一个下限是“富人所占有的财富比例减去富人的人口比例”，同时也是“穷人所占的人口比例减去穷人所占有的财富比例”。这个方法多用于对基尼系数的初步估算。经过验证，这样计算的基尼系数虽然达不到公式的计算精度，但是准确度是可靠的。由于本章所研究的重点是方法，因而采用了基尼系数的简单算法，省去了不必要的公式计算的烦琐过程。

事实上，基尼系数作为一种衡量指标，其实质是量化分析对象的分布均匀度。据此，基尼系数除了用于分析社会财富分配的均衡程度以外，还能运用于分析研究有关资源分布均匀度等方面。本节根据基尼系数的实质来对城市公共资源分配的均衡程度进行研究，以探讨一种定量分析分配结果均衡性的方法。

本节创新性的根据基尼系数的算法，进行了反向操作。按照国际上的惯例，基尼系数小于或等于 0.2 表示高度平均；在 0.2 到 0.3 之间则表示相对平均；在 0.3 到 0.4 之间只能说是较为合理；而当基尼系数在 0.4 到 0.5 之间时，表示差距已经很大了；一旦大于 0.5 是代表着差距悬殊。而城市规划指标确定的目的即是为了保证均衡合理，因此，采用逆向思维，先假设基尼系数（G）为一均衡的值，然后根据以下公式，可以利用已知的各个分组的人口数占总人口数的比重反推对应分组所占有的公共资源的均衡份额；或者利用已知的应分组所占有的公共资源的份额反推各个分组的人口数占总人口数的合理比重。本节研究的是公共资源周边均衡指标的确定，因此，探索的是一种方法（图 4-2）。

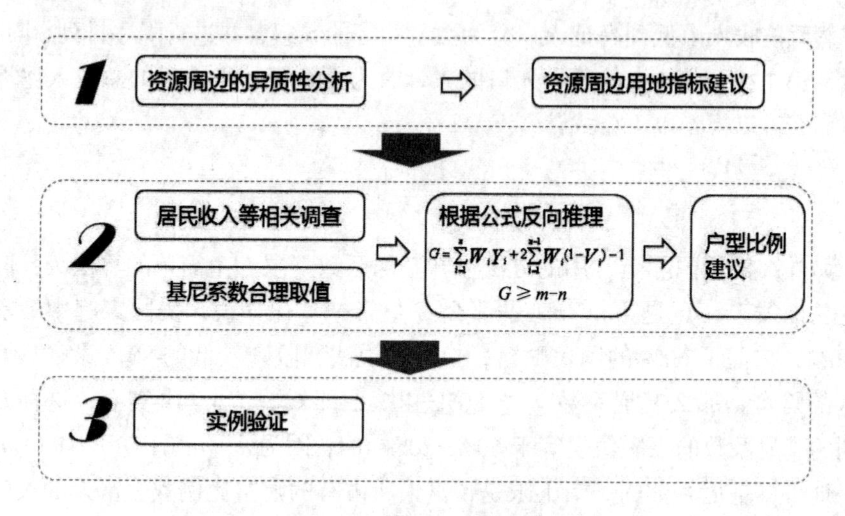

图 4-2　基尼系数反向计算

三、一些关注度较高的社会资源的选择

根据前文已经给出的重大城市资源的定义，本节以大城市中现阶段社会普遍情况为基础，选择城市公共绿地，城市快捷交通站点（快速公交、地铁、轻轨）等关注度较高的，较具有代表性的城市资源进行重点研究。主要进行均衡规划的方法研究，同时希望能够适用于其他相关公共资源的规划。

由于大多数自然资源都是不可再生的。因此，土地作为一种自然资源，无论是对房屋建造，还是对其他的社会活动来说，都是一个非常重要的资源，尤其是城市公共绿地，其结构和分布的失衡使得每一个体和群体都面临着资源稀缺性难题。

目前社会普遍存在着“负福利”的现象。越是高档的社区，其周边的景观、交通和公共设施配套就越完善。而这些社区的高收入人群对于普通福利性社会公共资源的需求并不高，反倒是相对低收入的群体更需要这些“被远离”了的公共资源。在这样的背景下，高收入者能凭借自己的支付能力换取对稀缺资源的拥有，尤其是一些自身使用率不高的社会资源，这使“负福利”现象越发严重。如天津的水上公园周边的时代奥城、招商钻石山等楼盘，拥有公园和地铁的双重资源，但是现状情况是，这些小区的住户出行时主要以私家车为主，对于地铁的使用率并不高；他们对于公园的需求并不比中低收入的群体多，还有可能会因为对于私密性的考虑导致使用率偏低；而对于大多数的中低收入群体而言，他们却由于缺乏购买力而无法居住在这些小区里，但是他们确是地铁和公园的高频率使用者，这就是前文所提到的“负福利”现象。

另外，在城市规划层面，随着生活水平的提高，人们对于基本生活的需求已经基本得到满足，因此，关注的重点应该放在人们的精神需求层面，即幸福感、均衡感上。从城市规划的角度出发，我们可以通过对土地资源的合理配置来实现对均衡的关注，从而向社会和谐更近一步。

总之，城市总体规划的蓝图里不应该只是片面地考虑精英阶层，而应包括城市的各个群体。因此，城市规划的立场就应该从均衡的角度出发，针对公共资源及周边地区进行探索，以能够为公共资源的规划的均衡指标的确定提供一种方法性的参考。

第二节　快捷交通站周边用地经济指标研究

一、快捷交通站点周边区域异质性分析

（一）城市快捷交通的优势

城市快捷交通是一种安全舒适、快捷高效、节能环保的大容量的公共交通，包括快速公交、地铁和轻轨等，发展城市快捷交通是建设高效、可持续发展综合交通体系的关键。

城市快捷交通最直接、最明显的效应是缩短了时间距离，使人们的出行更加便利。人们可以相对分散地居住在距离适中但交通便利的区域，选择范围的扩大有利于促进均衡程度的提高。

对比多种交通出行方式，轨道交通具有速度快、容量大的基本特性，因而其特别适用于城市内部与城郊之间的大规模、集中性、定时、定点、定向的出行需求，对于促进均衡的效果也最为明显，因而成了现代城市公共客运交通体系中的主导。在距离轨道交通站点适宜的步行距离内的用地具有高度的稀缺性，需要在规划中谨慎布局。

以地铁为例，地铁贯通将形成综合的“地铁经济效应”，从而达到聚集的作用，吸引城市其他重要经济元素的靠拢。地铁不但造就了闻名世界的“购物天堂”，更使地铁沿线的项目得到了巨大“升值”。香港的时代广场、上海的新客站、纽约的曼哈顿、东京的银座等，都是依托地铁而建设的，这也是很好的验证。

（二）城市快捷交通的配置现状

在城市建设如火如荼的背景下，各大城市轨道交通也实现了快速发展。然而，在快速发展的同时也产生了一些不均衡的问题。

一方面是快捷交通周边用地布局的不合理引发的资源配置的不均衡问题。以地铁为例，最明显的是地铁经济效应促使地铁周边的商业用地比例过高。地铁站点成了商业网点的附属，人们只在有购物需求的时候才会使用，使用情况不均衡，不利于地铁站点作用的全面发挥，也不利于对地铁有通勤需求的人们的使用。

另一方面，快捷交通周边住宅户型过大，房价过高也是资源配置不均衡的体现。目前快捷交通站点周边的住宅由于具有高度的稀缺性，在目标客户上多定位为高收入群体，因而住宅产品也是针对高收入群体的大户型。

因此，针对现状，笔者认为有必要在快捷交通站点周边的用地布局和住宅用地的户型比例上进行合理控制，使快捷交通能够更快捷地服务于各个群体，尤其是高需求的群体，以促进快捷交通周边区域的均衡发展。

（三）研究范围的确定

关于研究范围，本节以人们行走的舒适程度为衡量标准来确定。那么首先得确定人们通常愿意徒步行走的距离。具体内容又包含两个方面：人们徒步行走多长时间会感觉到疲劳以及人们对于行走路程所消耗的时间的容忍度又是多少。经过调查显示，在我国大城市以公共交通作为主要交通方式的普遍情况下，按市区内的人在平地上步行来测量，通常 10 分钟是路途舒适的耗时值，也就是说如果在平地步行 10 分钟就可以到达目的地的话，人们普遍会感觉比较轻松；然而当步行时间超过 10 分钟时，通常人们就会感觉到疲劳了。因此，步行时间超过 10 分钟的地方被认为是较远的距离，人们往往就不会选择步行的交通方式出行了。本节将人在 10 分钟的时间内用正常速度所行走的距离视为人们从心理和体力上能够接受的步行出行距离。因此定义 10 分钟的可达距离为合理的步行可达距离。

经换算，10 分钟的步行距离大约为 500 米，即距离快捷交通站点 500 米的距离为最佳步行距离，同时考虑到可接受程度和资源的稀缺性，本节划定了距离快捷交通站点 300 米和 800 米两个研究范围。300 米的范围内以市场因素为主，保证城市发展的均衡性，300 ～ 800 米则充分考虑人们对于交通便利性的均衡性需求，这也是进行公平指标研究的重点区域。这个范围内要尽可能地考虑布局居住用地，并在一定程度上通过限制户型配比的方式考虑对于需求者的供给。

然而，由于核心区与外围区域快捷交通站点的外部因素又有所差异（商业、停车等），因此下文将针对如何通过各类用地以及住宅户型配比的研究来促进快捷交通周边用地的均衡布局。

二、城市快捷交通站点周边区域用地经济指标研究

（一）CAZ 概念的引入

根据相关研究并参考国际上主流的发展模式后，关于城市核心区快捷交通站点周边的用地本节引入了适合中国大城市快捷交通经济发展的区域型中央活动区（CAZ）模型，主要探讨核心快捷交通站点周边区域的各类用地的适合比例。

中央活动区（CAZ）由2000~2004年编制的“大伦敦空间发展战略”规划提出。CAZ 当前比较权威的定义指的是：在城市中心或副中心的区位，提供多种活动的组合空间。包括政府行政中心；现代服务中心（金融、贸易、法律等）；商业文化中心（购物中心、博物馆、美术馆、音乐厅等）和具有多种活动、各种档次的居住中心等。它将原来相对单一的空间区域组合在一起，使各种用地在一定地域范围内相互渗透，服务于不同的消费人群。

根据对美国芝加哥 CAZ 布局的研究，CAZ 分 3 个层次，分别是全球型 CAZ、全市及区域型 CAZ、次级社区级 CAZ。这三个层次支撑着芝加哥市域内的经济活动和生活活动。一个城市，特别是国际化的大都市，在规划中央活动区时，也有必要把这三个层面考虑进去，利用发达的公共交通（通勤铁路及地铁）和高速公路，建立以市中心最繁华的 CBD 和国际型 CAZ 为核心，辐射四周并以区域型 CAZ 和社区型 CAZ 为结点的三层网状发展模式。

区域型 CAZ 将是本节关注的重点，我们的初步设想是区域型 CAZ 将会在市区范围内沿着快捷交通网星罗棋布，并凭借快捷交通带来的人流和商流，与大型 CBD，大型 CAZ 相互联系，相互促进，形成多个 CAZ 形成，进而单中心—多中心模式（即在城市的交通网络上建立基于快捷交通网络布局构建的 CAZ 群）的功能多元化、服务完善的城市形态，从而达到聚集效应经济。

根据前文确定的研究范围可知，快捷交通站点周边 300 米左右的第一圈层就是 CAZ 的概念，或者说更类似于一个城市综合体的结构。因此，本节拟通过对城市综合体的构成和配比研究，希望为核心快捷交通站点周边核心区域的用地结构提供指标参考。同时，所提供的指标建议在衡量城市土地的价值和使用者使用情况来说，都是趋近均衡的。

（二）城市综合体相关指标

城市综合体是都市商业、娱乐、商务及居住功能的有机组合。现阶段的中国市场，商业是城市综合体的关键组成元素，它为整个项目定位确定了市场基调，以商业为核心，各综合体组成元素相互支持促进，推动了项目资产的升值。这与核心快捷交通站点周边区域的用地价值目标是一致的，因此，通过对深圳和杭州的华润万象城进行研究，得出了各自的功能组合比例（图 4-3）。

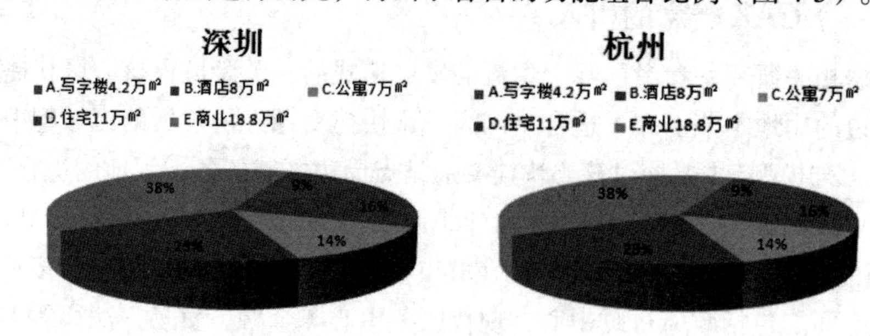

图 4-3　功能组合比例

（三）城市核心快捷交通站点周边区域用地布局

根据前文综合体的分析，城市核心区快捷交通站点周边商业和住宅的比例大致为：70% ～ 75% ：20% ～ 25%。

由于各站点辐射范围有限，站点所在的城市功能区可能会比较单一，如城市商业区的站点，周边的商业服务业设施用地会占较大比例，而体育场馆或学校附近站点的公共管理与公共服务设施用地的比例就会较高。另外，针对居住用地在城市中占的比例较大的实际情况，笔者建议主要对站点周边的居住用地进行控制：核心站点周边 300 米范围内居住用地比例宜≤ 20%，周边 300-800 米范围内居住用地比例宜≤ 60%。

需要说明的是，由于在城市核心区内，土地的价值是一个很重要的影响因素，均衡指标的建立不能违背市场规律，同时也要考虑到居住地的舒适性，因此，在距离站点 300 米的范围内，考虑以公共服务和商业服务用地为主，住宅用地相对少；在距离站点 300 米到 800 米之间的范围内，由于在步行的舒适范围之内，则重点考虑多布局住宅用地。此外，考虑到快捷交通站点的效应，建议商业用地中规划不少于 20% 的公寓；同时，住宅的户型也应以小户型为主，具体的户型比例研究在下一节做详细介绍。

（四）城市外围快捷交通站点周边区域布局

根据商业中心与地租、距离之间的关系（图 5-4），城市土地价值以主城区中心为圆心成圈层式分布，城市的外围区域快捷交通站点由于通勤的需求大于或等同于商业需求，因此第一圈层范围内的公共和商业用地比例应适当减少，同时要增加住宅用地，第二圈层的住宅用地也应有所增加。因此，城市外围快捷交通站点周边区域的用地结构建议如下：站点 300 米范围内的应以公共管理与公共服务设施用地以及商业服务业设施用地为主；300 米～ 800 米范围内则可适当多考虑居住功能用地。

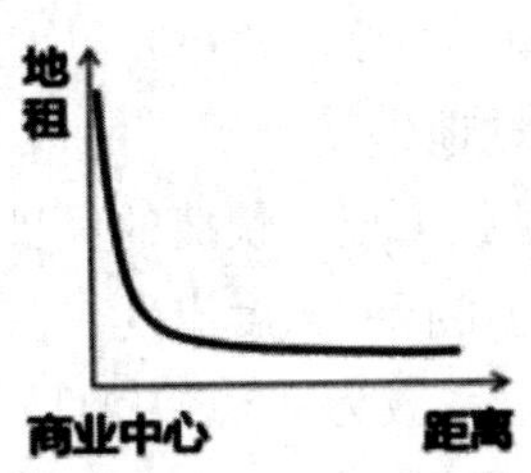

图 4-4　商业中心与地租、距离之间的关系示意

三、城市快捷交通站点周边区域住宅户型均衡配比研究

第一步，根据对交通行为选择的相关研究和调查发现，性别、年龄、行业以及家庭收入等因素都会对交通方式的选择产生影响，其中与住宅户型配比有较大影响的是家庭收入方面（表 4-1，表 4-2）。

表 4-1　家庭年收入与交通工具选择

	＜ 2 万	2–5 万	5–10 万	10–20 万	＞ 20 万
步行 / 电动 / 摩托	32%	42%	17%	6%	3%
私家车 / 出租车	6%	7%	35%	31%	22%
公交 / 地铁	22%	44%	26%	4%	4%

表 4-2　2010 年天津市居民收入抽样调查（按平均每人每年可支配收入分组）

项目		户人均收入	比例	
低收入	更低收入户	（11387.04 元以下）	10.00%	80%
	低收入户	（11405.20—14428.33 元）	10.00%	
	中等偏下收入户	（14447.27—19049.00 元）	20.00%	
中等收入	中等收入户	（19075.20—24567.80 元）	20.00%	
	中等偏上收入户	（24569.99—33306.31 元）	20.00%	
高收入	高收入户	（33382.96—41163.33 元）	10.00%	20%
	最高收入户	（41189.50 元以上）	10.00%	

资料来源：根据《2010 年天津市统计年鉴》整理

从表4-1中可以看出，家庭年收入在10万元以下的占乘坐地铁公交的90%以上。这部分群体对应表2中的中等收入及以下群体，占总人数的80%，这部分人群交通方式的选择相对较少。

第二步，由于基尼系数0.2～0.3相对较为平均，同时考虑到地铁站点区位的不同，核心站点人群交通方式的选择会相对较少，更需要体现均衡，因此选择基尼系数为0.2。因此，在核心区地铁站点周边的住宅户型总面积控制比例建议为：大户型以上应≤40%，中小户型及以下应≥50%。

相比之下，城市外围区域地铁站点周边的情况会有所不同。由于远离城市的喧嚣，居住环境较好，地铁方便与快捷的优势会更加明显。同时，从缓解城市中心居住压力和倡导绿色出行的角度出发，在户型配比上应该考虑让更多的群体得以享用，故选择基尼系数为0.3。因此城市外围地铁站点周边区域的住宅户型总面积控制比例建议为：大户型以上应≤50%，中小户型及以下应≥50%。

四、实证研究

（一）核心区域地铁站点实证研究——以天津地铁营口道站为例

为了更详尽地了解天津快捷交通站点周边的用地经济指标研究，特选取天津地铁核心区站点和核心外围站点各一个进行详细调查研究，城市核心快捷交通站点以营口道站为代表，外围快捷交通站点以南楼站为代表。

调研内容包括站点周边300米范围和800米范围内的用地性质。在800米范围内，针对居民和写字楼中的员工发放关于地铁资源分配问题的调查问卷。

本次调查共发放问卷140份，其中营口道站80份，南楼站60份，营口道站有效问卷76份，南楼站有效问卷58份，总共有效问卷134份（表4-3）。

表4-3 营口道站与南楼站发放问卷统计表

站点	问卷种类		发放问卷数	有效问卷数
营口道站	1	居住区	50	46
	2	写字楼	30	30
南楼站	1	居住区	60	58
总计	居住区和写字楼		140	134

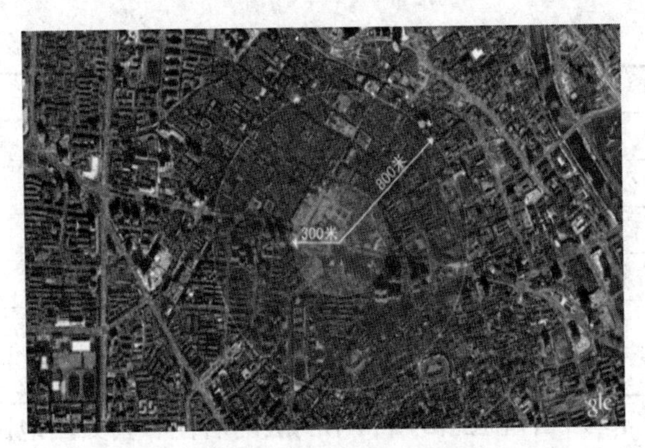

图 4-5　营口道站 300m 和 800m 用地范围

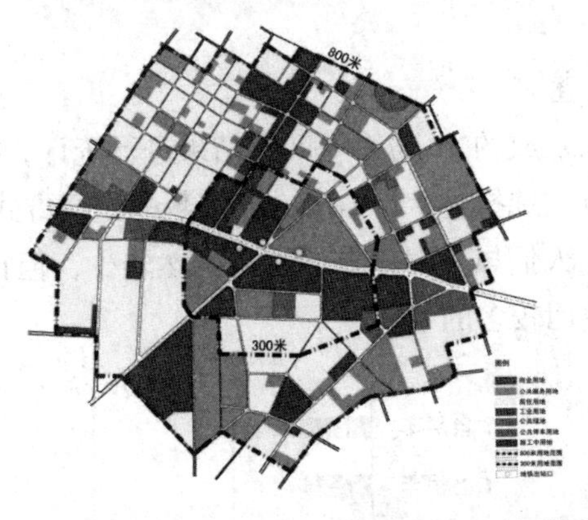

图 4-6　营口道站 300m 和 800m 范围内土地利用图

下面通过用地性质和问卷结果两个方面，对两个站点各自进行分析。

（1）用地性质分析

以天津市地铁营口道站为研究对象，以距地铁站出口 300 米和 800 米的道路为界，划定出两个圈层（图 4-5），对其用地性质进行统计（图 4-6），得到研究范围内的用地情况如表 4-4 和表 4-5 所示。

表 4-4　300 米范围内的用地比例

名称	面积（ha）	比例（%）
居住用地	85.07	42.8
公共服务用地	48.19	24.3
商业服务用地	29.1	14.7
工业用地	1.67	0.8
道路交通用地	25.39	12.8
绿地与广场	9.17	4.6
总用地	198.59	100

表 4-5　300 米—800 米范围内的用地比例

名称	面积（ha）	比例（%）
居住用地	12.9	22.4
公共服务用地	14.6	25.4
商业服务用地	17.9	31
道路交通用地	9.9	17.2
绿地与广场	2.33	4
总用地	57.3	100

从用地情况来看，营口道站的 300 米圈层内居住和公共用地比例约为 1 ： 1；和 300 米—800 米范围内的居住用地与公共用地比例约为 2 ： 5。

（2）问卷调查

A．居民问卷调查

通过对营口道站发放的 46 份有效问卷结果进行统计，得出如下结果：

在居民的出行方式选择上（图 4-7），大多数的出行方式为自行车、电动车、摩托车以及公交车，人们虽然对地铁使用得仍然较少，但在已建成的地铁站点周边的调查中已属使用较多的了。

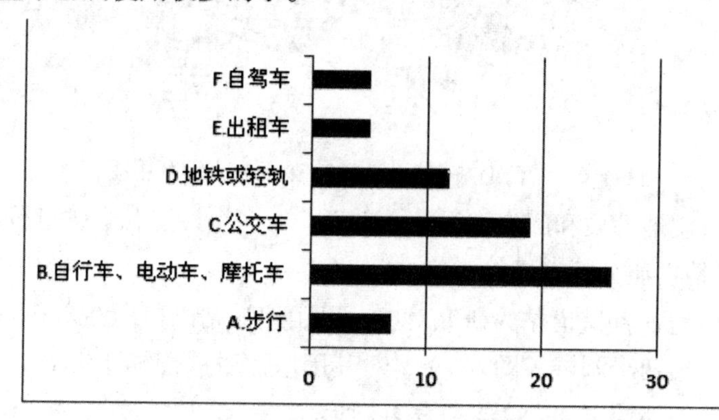

图 4-7　营口道周边居民选择的出行方式统计

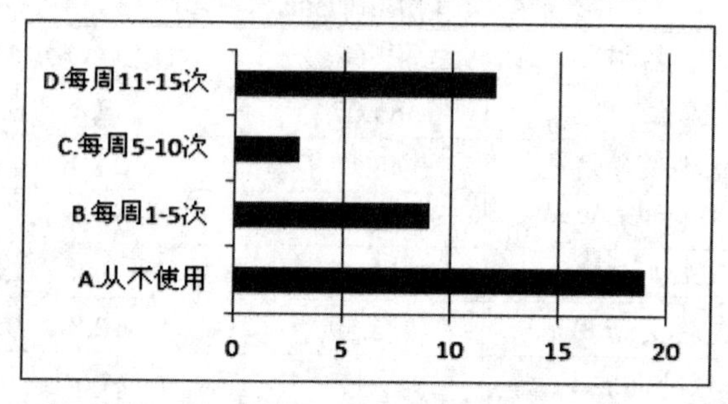

图 4-8　营口道周边居民地铁使用频率

地铁的使用频率主要集中在“从不使用”和“每周 11-15 次”的高频使用上（图 4-8）。从不使用主要针对的是没有太多日常出行需求的人群，而有使用需求的人群则基本为通勤使用。

在户型上，老旧社区大多数住宅建成年代在 1970—1990 年，户型面积均不大，而新建的建筑则多为办公楼、公寓和小户型住宅，因此中小户型约占 79%（图 4-9）。

在居民对地铁的“需求程度”和地铁对他们“生活便利性的提升程度”上，通过两道态度量化题目，对居民的选择结果进行赋值。

从 0—4.0 的数值区间代表了人们对地铁态度从不需要到非常需要的程度，其中 0—1.0 的数值区间代表“不需要”，以此类推，1.0—2.0 的数值区间代表“无所谓”，2.0—3.0 代表“一般需要”，3.0—4.0 代表“非常需要”。取每个数值区间的中位数（即 0.5、1.5、2.5、3.5）与选择的人数相乘，求和之后除以总人数，得到一个平均值，即可以准确地反映出人们对地铁需求程度的态度倾向及程度。

从结果可以清晰地看出，居民对地铁的需求程度和生活便利性提升度均在非常需要和非常显著的范围内（图 4-10），故营口道站居民对地铁的需求和使用程度均较高。

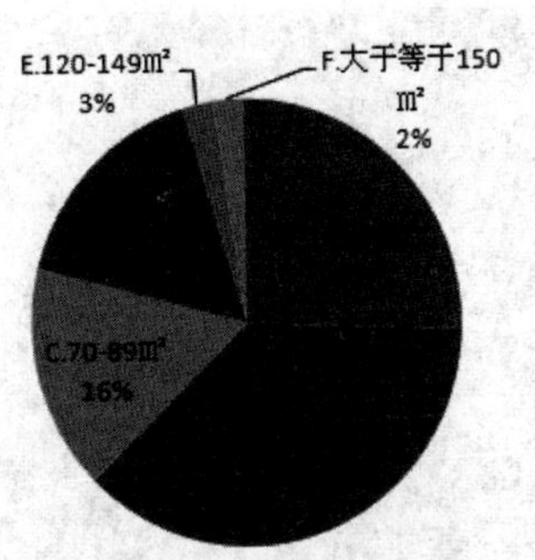

图 4-9　营口道周边户型配比

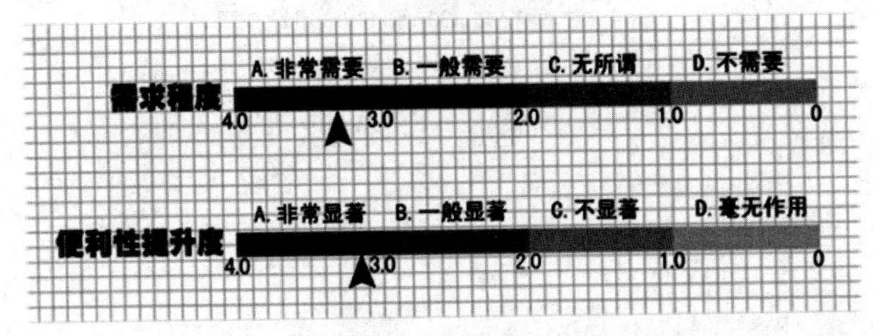

图 4-10　地铁需求度与便利提升度数据统计

B. 写字楼职员问卷调查

在营口道地铁站 300 米范围内，南京路南侧，有天津中心、津汇广场、城建大厦等多栋高层公寓写字楼，笔者在午休和下班高峰期对里面的员工进行了问卷调查，随机选取 30 名员工为调查对象。

从调查的结果可以得出，受访者选择乘坐地铁来上班的人数最多，写字楼内的员工对地铁的使用次数与居民相比较明显增多。且从量化结果来看，其对地铁的需求程度也较高。

（3）城市核心地铁站总结

统筹分析所选取的城市核心地铁站点，这些地铁站点周边办公人群对地铁的使用和居民对地铁的使用程度相当。核心站点的使用频率较高与站点周边的中小户型的居住人群和办公人群的比例较高有一定关系。

（二）城市外围区域实证研究——以天津地铁南楼站为例

（1）用地性质

以天津市地铁南楼站为研究对象，以距地铁站出口 300 米和 800 米的道路为界，划定出两个圈层（图 4-11），对其用地性质进行统计（图 4-12），得到研究范围内的用地情况如表 4-6 和表 4-7 所示。

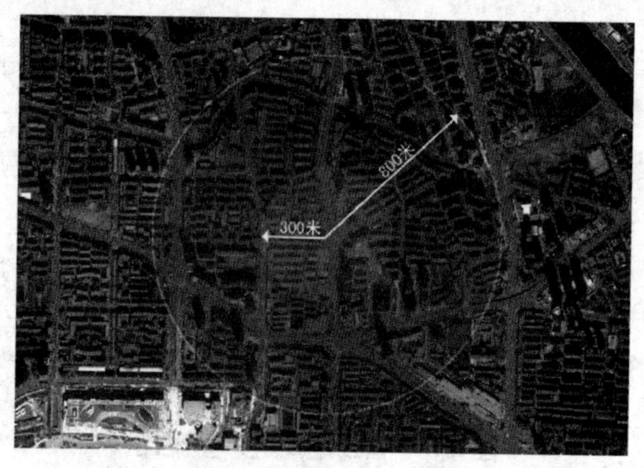

图 4-11　南楼站 300m 和 800m 用地范围

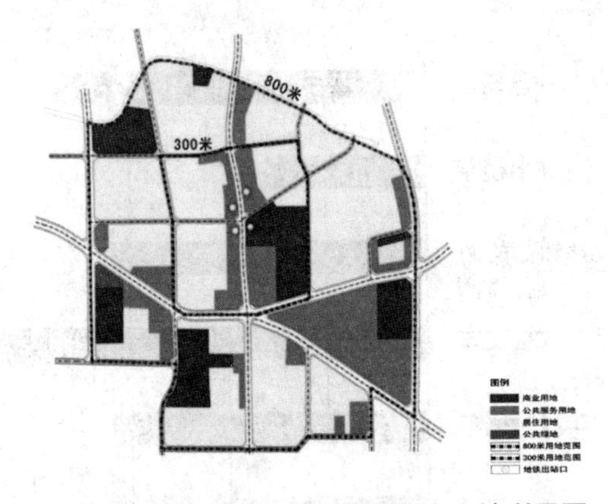

图 4-12 南楼站 300m 和 800m 范围内土地利用图

表 4-6 300 米范围内的用地比例

名称	面积（ha）	比例（%）
居住用地	16.70	44.9
公共服务用地	6.60	17.7
商业服务用地	8.25	22.2
道路交通用地	5.7	15.2
绿地与广场	0	0.0
总用地	37.25	100

表 4-7 300-800 米范围内的用地比例

名称	面积（ha）	比例（%）
居住用地	72.87	54.6
公共服务用地	15.75	11.8
商业服务用地	23.08	17.3
道路交通用地	21.00	15.7
绿地与广场	0.80	0.6
总用地	133.50	100

从用地情况来看，南楼站的 300 米范围内居住用地比例接近半数，300 ～ 800 米范围内居住用地比例则超过半数。

（2）问卷调查结果分析

通过对南楼站发放的58份有效调查问卷的结果进行统计,得出的结果如下:

调查对象性别均衡，年龄主要集中在 20—40 岁，在工作单位的职位级别集中在一定范围内，家庭年收入在 10 万元以下偏多。

在居民的出行方式选择上（图 4-13），他们对地铁的使用虽然不是最高的，但已经逐步超越了自行车、电动车和摩托车，接近于对自家车的使用。

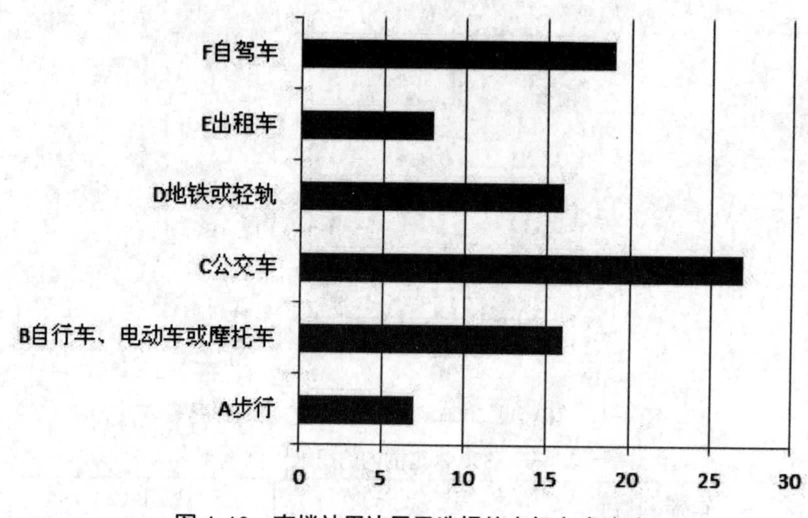

图 4-13　南楼站周边居民选择的出行方式统计

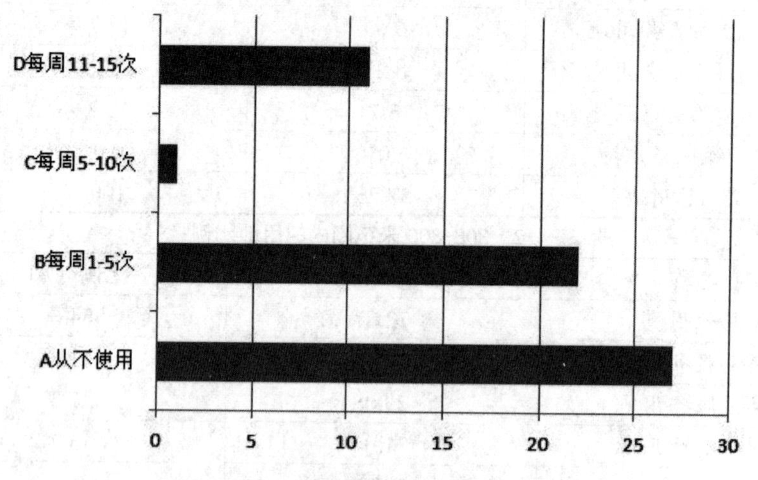

图 4-14　南楼站周边居民地铁使用频率

在地铁的使用频率上，低频和高频均有相当的比例（图 4-14），在问卷过程中笔者也能感受到居民对于天津地铁将来的网络化发展还是很有需求的，对未来地铁的使用还是具有较高的积极性的。

在户型上，住宅建筑面积小于 90 ㎡中小户型共占 60%（图 4-15），比核心区营口道站略低。

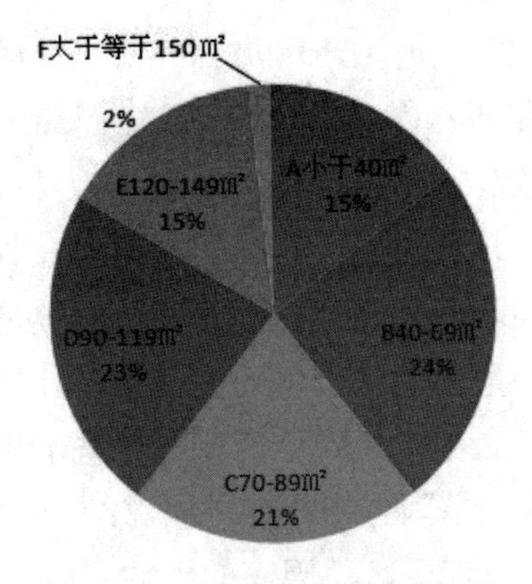

图 4-15　南楼站周边户型配比

对于居民对地铁的“需求程度”和地铁对于居民的“生活便利性提升度”方面，通过对居民的选择结果进行区间赋值得到了居民对地铁的需求程度和生活便利性提升度两项题目的量化分数（图 4-16）。从图中可看出，需求程度和便利性提升度都位于显著和一般之间。

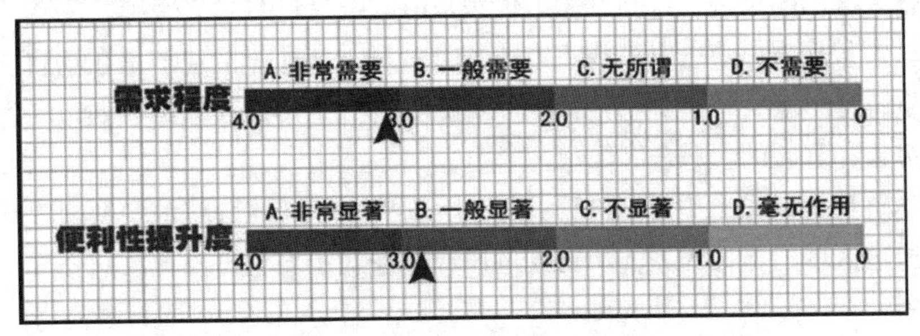

图 4-16　地铁需求度与便利度数据统计

（3）城市外围地铁站总结

通过对所选取的城市外围地铁站点的综合分析可以得出，城市外围地区的地铁站点主要为周边居民使用，由于居住用地比例的增加以及中小户型的比例的减小，人们对地铁的使用需求略有下降。

第三节　公共绿地周边指标研究

一、公共绿地周边区域异质性分析

公共绿地指的是向公众开放的，有一定游憩功能的绿化用地。

在当前城市化进程中，老城区已经发展得比较成熟了，城市功能的更新发展是其城市化的具体表现。同时由于考虑到经济规律的影响，老城区的城市空间通常更倾向于高密度和高容积率的开发模式，这就使得城市中心区已有的公共绿地存在着被侵占的危险。另外，公共绿地因为具有高度的稀缺性，使得其周边建筑的高度和价值都越来越高。因此从整体上看，城市中心地区的公共绿地在空间上的分布特征可以总结为：规模虽不大，但数量较多，质量也相对较好。

相对而言，城市外围地区的城市化则表现为向外拓展的特征。因为建成区较少，现状用地也多为农田，大规模整体开发是其城市化过程的普遍现象。因此，在城市外围地区公共绿底的空间分布特征可以总结为：多为新建城市公共绿地，规模较大，质量也比较好，但受区位因素的影响，可达性会相对较差。

综上所述，位于城市中心区的公共绿地周边的社区便成了集合公共资源和交通便利的高度稀缺资源。然而，从城市的公共资源配置来看，大多数的这样的公共空间几乎都是和高收入、高房价紧密相关；低收入群体由于没有支付能力，能享用到的公共资源非常有限。久而久之，购买力的高低就导致了“穷人区”和“富人区”的出现，这在本质上仍然是前文所提到的“负福利”问题。

城市规划在解决公共资源享有不均衡问题上所能做的应该是在政府政策的指引下，通过公共绿地周边用地的相关指标研究，形成合理的规划布局，实现所谓穷人和富人的“融合”。

本节主要以城市中心区的公共绿地为研究对象，构建资源均衡配置基础上绿地周边区域的指标体系，所得到的研究结论对于城市外围地区的公共绿地同样适用。

二、城市公共绿地周边区域用地经济指标研究

（一）城市公共绿地的分类

根据公共绿地的规模与辐射范围以及在居民日常生活中的需求程度，本书把公共绿地分为了大型公共绿地和中小型公共绿地两类。

大型公共绿地的界定参考《城市绿地分类标准》（CJJ/T85—2002）中城市绿地的分类，主要指全市性和区域性的公园。以天津市为例，水上公园、北宁公园等全市性综合公园；长虹公园，西沽公园等综合公园均在此列。这个级别的公共绿地空间内容丰富，以游憩功能为主，兼具生态、美化和防灾等作用，且分布很不均匀（表 4-8）。因此这些公园周边的用地具有极高的使用价值。

表 4-8　2010 年天津市公园分布统计

地区	公园个数（个）	公园面积（ha）	地区	公园个数（个）	公园面积（ha）
合计	76	1666.2	东丽区	3	15.2
河东区	4	53.8	津南区	2	75.95
河西区	10	56.14	北辰区	3	10.5
南开区	7	297.15	武清区	7	83.25
河北区	5	65.35	宝坻区	3	49.93
红桥区	8	55.52	滨海新区	24	903.41

中小型公共绿地主要指大型社区级及以下的游园、公园等。与大型公共绿地相比，中小型的公共绿地具有面积适中、分布较广且较均衡的特点。

（二）大型城市公共绿地周边区域用地经济指标研究

由于在国内基本上还是市场因素为主导，所以由购买力来决定公共绿地周边区域的用地情况比较普遍，因此也存在着公共用地和住宅用地布局不合理的现象。为了寻求合适的用地分配比例，现以香港和新加坡的公共绿地周边用地布局情况为参考对象进行分析。在香港，本书选取了京士柏休憩花园。可以看到，在京士柏休憩花园周边分布着医院、中学、商场、书苑和众多办公大厦，如安远大厦、泽丰大厦等。根据统计，住宅与公共用地的比例几乎接近于 1 ∶ 1。在新加坡，本节选取了福康宁（Fort Canning）公园。在公园的周边分布着亚洲文明博物馆、新加坡国家档案局、新加坡集邮馆、国家文物局以及各类购物中心、酒店等，公共用地与居住用地的比例约为 4 ∶ 6。

综上所述，大型公共绿地的稀缺性和服务范围都是相对较大的，因此公共服务内容应涵盖餐饮、娱乐、购物以及各类办公，可以按片区级的公共服务中心来规划，所以公共和商业服务设施用地的比例应适当提高，并从更大范围内进行平衡。建议大型公共绿地周边 500 米范围内的居住用地比例不宜小于 60%，公共管理与公共服务设施用地以及商业服务业设施用地比例建议不大于 50%。

为了进一步实现社会各个阶层对城市公共绿地的均衡享有，本文对绿地周边的住宅用地的户型配比也进行了针对性的研究。以天津恒大绿洲项目为例，该项目的编制时间较长，因此可以通过项目反映出由于政策执行不到位导致资源配置不均衡现象的产生。在项目初期，恒大绿洲项目的户型配比严格遵循国家 70/90 政策，套型建筑面积在 90 平方米以下的住房面积所占比重满足了总面积的70%。而随着项目的进一步推进，出现了“大区域平衡”的概念，即允许在区域范围内，通过中小户型的集中建设来实现户型的平衡。这个概念提出的结果是，在东丽湖片区，占有较好景观资源的用地开发几乎都以大户型为主，而用于建设中小户型的地块则面临着要么位置较偏要么开发滞后的问题。恒大绿洲项目也不例外，最后实施方案几乎没有90平方米以下户型。根据调查，有些地区已经不执行70/90政策了，已经或者将会带来的资源配置失衡问题着实令人担忧。

本文关于住宅的户型比的分析如下：

首先，根据2010年天津市统计年鉴可以得到天津市不同收入水平的户数比例（表4-9）。从表中可以看出，低收入群体几乎达到了一半。

表4-9　2010年天津市居民收入抽样调查（按平均每人每年可支配收入分组）

项目		收入	比例	
低收入	更低收入户	11387.04元以下	10.00%	40%
	低收入户	11405.20—14428.33元	10.00%	
	中等偏下收入户	14447.27—19049.00元	20.00%	
中等收入	中等收入户	19075.20—24567.80元	20.00%	40%
	中等偏上收入户	24569.99—33306.31元	20.00%	
高收入	高收入户	33382.96—41163.33元	10.00%	20%
	最高收入户	41189.50元以上	10.00%	

资料来源：根据《2010年天津市统计年鉴》整理

第二步，由于基尼系数0.2-0.3为相对平均，而考虑到资源覆盖人群少，具有高度的稀缺性，因此取基尼系数为0.3，计算的结果为，提供给低收入群体的住宅比例不能低于10%，给中低收入群体的住宅比例不能低于50%，而提供给高收入群体的住宅比例则不能高于50%。

需要强调的是：在关注“相对剥夺”的前提下，由于住房仍然是商品，需要遵循市场配置的原则，因此不可能做到绝对的均衡。所以对于户型比例的控制值，本研究根据基尼系数的特性提出，对于具有高支付能力享受资源的进行上限值控制，对于缺乏支付能力的则进行下限值控制。

（三）中小型公共绿地周边区域用地经济指标研究

根据前文定义可知，中小型公共绿地主要指大型社区级及以下的游园、公园等。相比大型公共绿地，中小型的公共绿地具有面积适中、分布较广且较均衡的特点。

根据经验可知，中小型公共绿地周边公共建筑与居住用地的比例在香港为3 ：7，在新加坡约为2 ：8。同时考虑到社区级的服务设施规模宜适当，所以中小型公共绿地周边500米范围内的居住用地比例宜比大型公共绿地大60%—80%；公共管理与公共服务设施用地和商业服务业设施用地则宜分别小于20%。

虽然中小型绿地相对较少，但覆盖面广，是各个群体几乎都能支付得起的资源，因此在基尼系数的选择上则需更趋向于均衡。因此，关于住宅户型的配比，数据上仍以2010年天津市居民收入抽样调查为依据，选择以基尼系数0.2作为假设值。通过计算可以得出天津市中小型公共绿地周边住宅用地户型总面积控制比例为：大户型以上应小于40%，中小户型应不小于60%。

三、实证研究

（一）大型城市公共绿地实证研究——天津水上公园

（1）用地性质

以天津市水上公园为研究对象，以距水上公园出入口500米至800米的道路为界（图4-17），根据现状调研及估算，对其用地性质进行统计，得到研究范围内的用地情况如下所示（图4-18和表4-10）。

图4-17　水上公园800米用地范围

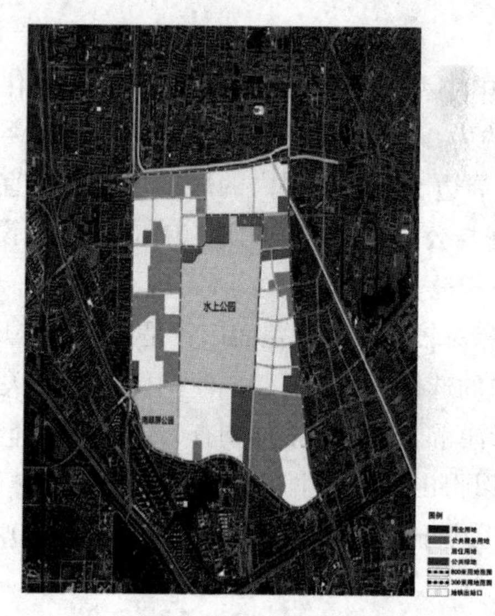

图 4-18　水上公园 800 米范围内土地利用图

表 4-10　水上公园 500-800 米范围的用地比例

名称	面积（ha）	比例（%）
水上公园用地	184.97	22.26
居住用地	297.54	35.80
公共服务用地	166.96	20.09
商业服务用地	56.24	6.76
道路交通用地	72.73	8.75
其他绿地广场	52.69	6.34
总用地	831.13	100.00

从用地情况来看，水上公园在 800 米范围内居住用地比例为 36%，商业与公共服务用地比例较高，达到了 27%。区域内较大的社区包括时代奥城、招商钻石山、水乡花园、霞光道 5 号等，均以 150 平方米以上大户型、超大户型和别墅为主。除了年代较早的复康里、宁福里、宁乐里等几个小区里有一定规模的中小户型以外，其余的小区如翠微园、水蓝花园等，虽然小区的规模不大，但却是以大户型为主。

（2）问卷调查结果分析

通过对水上公园区域发放的 55 份有效调查问卷的结果进行统计，得出了如下结果：

调查对象性别均衡，去公园的人员的年龄段集中于 20 ～ 30 岁之间及 50 岁以上。在工作单位的职位级别集中在基层，家庭年收入在 7 ～ 9 万元偏多。

住户居住时间分布均匀，在 1 ～ 10 年及 10 年以上区间分布均衡。其中有 40% 的居民步行至公园的时间超过了 20 分钟，有 60% 的受访者则是 20 分钟以内到达的（图 4-19）。

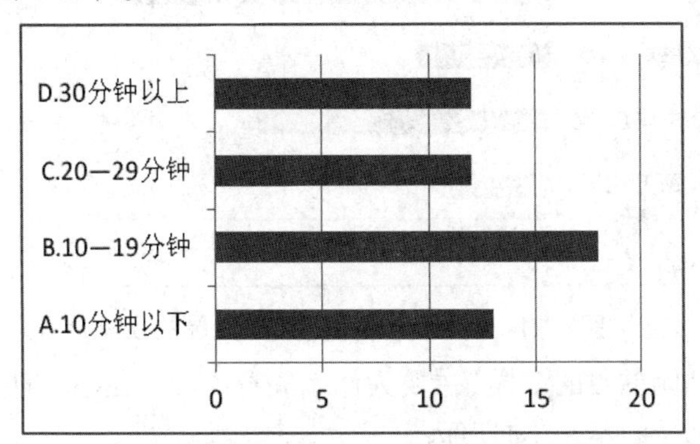

图 4-19　周边住户到达水上公园的时间

户型上，住宅建筑面积小于 90 ㎡的中小户型共占 42%，90 ～ 150 ㎡的大户型占 43%，150 ㎡以上的超大户型占 15%（图 4-20）。在问卷调查中，所发放的问卷以中小户型居民为主，而大户型较少，说明去公园的住户主要集中在中小户型人群，而周边大户型人群去公园的人数所占比例比较少。

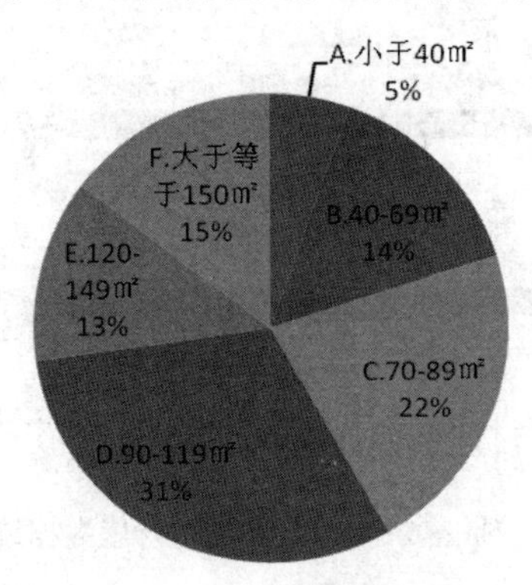

图 4-20　水上公园周边户型配比

水上公园区域内的住户在去公园的频率上主要集中在“每月 1 ～ 2 次”和“每年 1 ～ 2 次”这两种情况（图 4-21），由此可以推测居住在公园周边的居民区的公园使用频率不是很高。

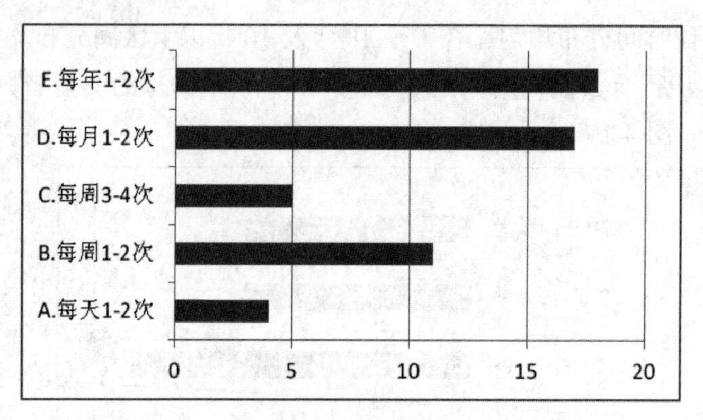

图 4-21　水上公园周边住户到公园的频率

受访者去公园的目的多样，主要为休闲健身或者是在办公时间内放松一下。一般待在公园的时间在 3 小时以内。

居民对公园的“需求程度”和公园对居民的“生活舒适性提升度”方面，笔者通过对居民的选择结果进行区间赋值得到了居民对公园的需求程度和生活舒适性提升度两项题目的量化分数。可以看出居民对公园需求度不太高，表现结果为一般需要。公园对居民生活舒适性提升度也表现为一般显著（图 4-22）。

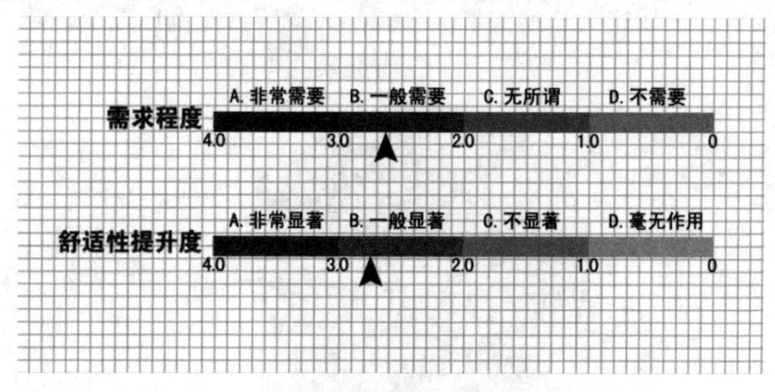

图 4-22　公园需求度与舒适性提升度数据统计

（3）水上公园总结

通过以上分析可以看出，水上公园周边住户以大型为主，他们对公园的利用率并不高；中小户型的缺乏直接导致低收入群体无法在区域内购买住房，从而导致他们必须花费更多的时间和交通成本才能享用到水上公园这个市级的公共绿地。

（二）中小型城市公共绿地实证研究——天津南翠屏公园

（1）用地性质

中小型公共绿地选取南翠屏公园作为研究对象，以距公园出入口 800 米的道路为界（图 4-23），根据现状调研及估算，对其用地性质进行统计，得到研究范围内的用地情况如下所示（图 4-24 和表 4-11）。

表 4-11　南翠屏公园 800 米范围内的用地比例

名称	面积（ha）	比例（%）
南翠屏公园用地	29.43	9.99
居住用地	174.45	59.23
公共服务用地	42.15	14.31
商业服务用地	6.51	2.21
道路交通用地	42	14.26
总用地	294.54	100

图 4-23　南翠屏公园 800 米用地范围

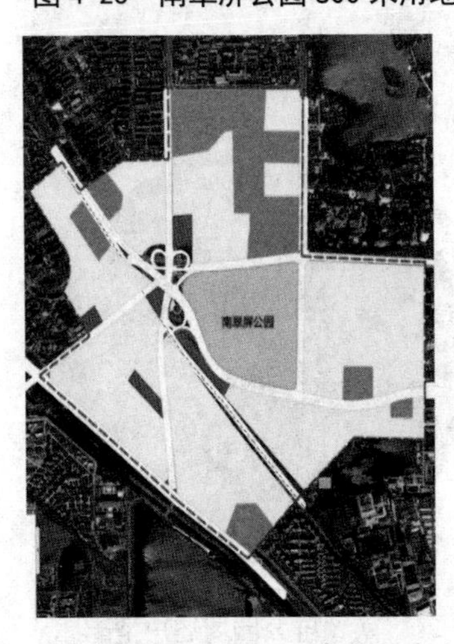

图 4-24　南翠屏公园 800 米范围内土地利用图

从用地情况来看，南翠屏公园在 800 米范围内的居住用地比例约为 60%，商业与公共服务用地占 26%。中小型公共绿地周边公共建筑与居住建筑比例为 3 ∶ 7。

（2）问卷调查结果分析

通过对南翠屏公园区域发放的 50 份有效调查问卷的结果进行统计，得出了如下结果。

调查对象性别均衡，去公园的人员的年龄段集中于 20—30 岁及 50 岁以上。在工作单位的职位级别集中在基层，家庭年收入较多的在 6 万元以下。

受访者的居住时间多为一年以上，逛公园者以周边社区居民居多，有 50% 的人需要步行 20 分钟以上到达公园，50% 的受访者则是 20 分钟以内到达（图 4-25）。

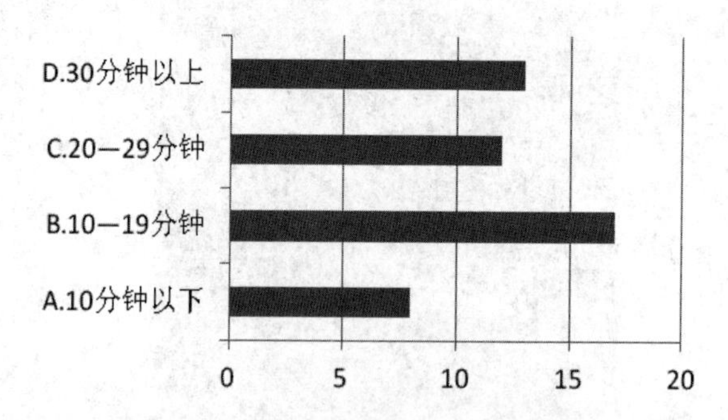

图 4-25　南翠屏公园周边住户到达公园时间统计

在户型分布上，住宅建筑面积小于 90 ㎡的中小户型共占 50%，90 ～ 120 ㎡的户型占 34%，住宅建筑面积大于 120 ㎡的户型占 24%。中小户型的比例高于水上公园周边（图 4-26）。

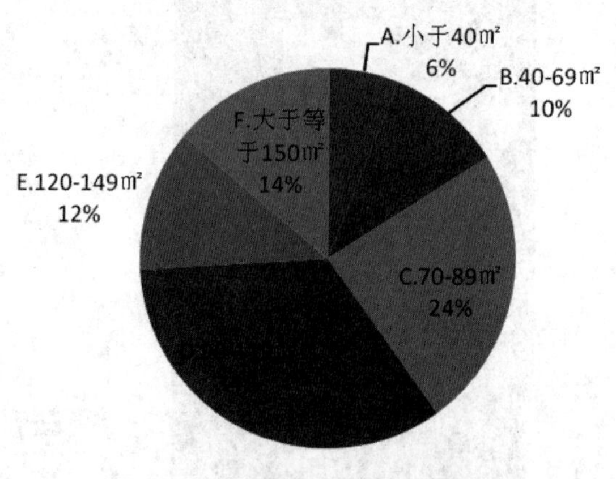

图 4-26　南翠屏公园周边户型配比

由南翠屏公园区域内的住户在去公园的频率可以推测（图 4-27），居住在公园周边的居民去公园的频率相对较高。受访者去公园的目的多样，主要为休闲健身，待在公园的时间在 3 小时以内。

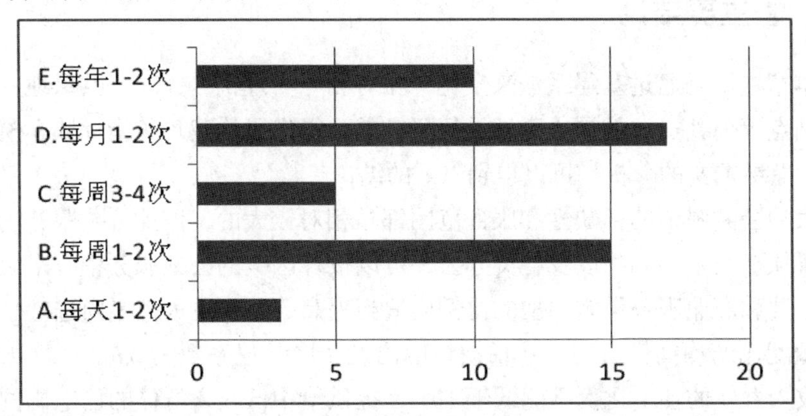

图 4-27　南翠屏公园周边住户到公园的频率

对于居民对公园的“需求程度”和公园对居民的“生活舒适性提升度”方面，笔者通过对居民的选择结果进行区间赋值得到了居民对公园的需求程度和生活舒适性提升度两项题目的量化分数（图 4-28）。可以看出居民对公园为比较需要。公园对居民生活舒适性提升度也表现为比较显著。

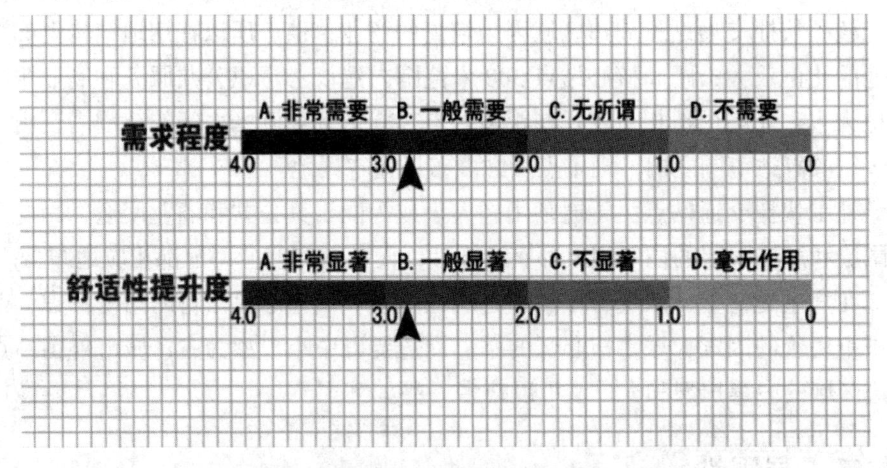

图 4-28　公园需求度与舒适性提升度数据统计

（3）南翠屏公园总结

南翠屏公园作为社区及中小型公园，户型设计上倾向于 70 ㎡至 120 ㎡户型，公园使用频率较高，同时，公园对居民的生活提升程度也较高。

第四节　主要结论与局限性

一、主要结论

本章主要是通过基尼系数来量化“相对剥夺”理论，并对公共绿地、快捷交通站点等公共资源的周边区域进行研究的，得出了构建均衡指标数学模型的方法。总结前文的分析，可以得到以下的结论：

大型公共绿地的稀缺性和服务范围都是相对较大的，因此公共服务内容应涵盖餐饮、娱乐、购物以及各类办公，可以按片区级的公共服务中心来规划，所以公共和商业服务设施用地的比例应适当提高，并从更大范围内进行平衡。在户型配比的均衡性方面，从稀缺程度出发，取基尼系数为 0.3，计算出提供给低收入群体的住宅比例不能低于 10%，提供给中低收入群体的住宅比例不能低于 50%，而提供给高收入群体的住宅比例则不能高于 50%。

中小型公共绿地虽然其稀缺性相比较而言不高，但却覆盖面广，是各个群体几乎都能支付得起的资源，因此在周边用地的布局上可适当提高住宅用地的比例，为更多的群体提供居住的可能性；另外，在基尼系数的选择上则需更趋向于均衡，以 0.2 为计算依据，可计算出中小户型的比例应不小于 60%。

核心快捷交通站点周边区域因为较高的商业价值，所以在用地结构上商业用地的比例较大；距离核心站点 300 米范围内建议考虑以公共服务和商业服务用地为主，住宅用地相对少；在距离站点 300 米到 800 米之间的范围内，由于在步行的舒适范围之内，则重点考虑多布局住宅用地。

外围快捷交通站点由于通勤用途大于或等同于其公共和商业用途，因此第一圈层和第二圈层的住宅用地都有所增加，而公共和商业用地都相应地减少。

在户型配比上，从缓解城市中心居住压力和倡导绿色出行的角度考虑，兼顾城市房价的因素，城市核心区的站点周边要以中小户型为主，城市外围站点周边区域的中等户型和大户型可以略多一些。

二、局限性

本章节的研究是基于基尼系数的选择和城市人口、收入等各项统计结果来完成的。然而基尼系数本身是一个比例参数，从基尼系数本身下结论只是选择了现阶段影响资源配置最突出的收入方面，因而可能会忽略掉一些其他影响因素。此外，从基尼系数的计算方法本身并没有找到方案修正的相关依据，仍然需通过寻求其他方法来进行修正。但总体来讲，基尼系数能够作为公共资源周边用地分配的指导。另外，天津市关于各个阶层家庭收入情况的统计是抽样调查的结果，具有一定的代表性，可以说，各收入阶层分布的情况的准确性在很大程度上决定了研究结果的准确性。因此，本节研究的目标和重点仍然是方法，希望能为各类重大城市资源周边相关指标的确定提供一个城市均衡发展角度的思路。

第五章　城市社区规划中资源均衡配置的体现

社区是与人的关系最密切的规划层面之一，是人们生活的最基本单元以及城市社会的基本构成，全面推进城市社区建设已经成为我国和谐社会建设中的一项重要内容。本章将对城市社区层面的资源配置进行分析，以探讨实现城市社区层面资源均衡配置的规划对策。

社区全面发展的需求是社区规划产生的根本原因，它更注重社区非物质条件的提升，尤其是在人们对于均衡分配感越来越重视的环境下，社区规划就成了城市规划中追求资源均衡分配的最基本的组成部分。

本研究主要关注的是社区中人的“均衡感受”，并以促进资源均衡配置为目的提出了一系列规划手段。根据前文分析，“相对剥夺”的心理由正面到负面可以总结为：合理竞争、盲目攀比、社会冲突三个层次。而社区是人们生活的最基本、最频繁的环境，虽然不能够完全消除不均衡感，但是笔者希望通过本章的研究，能够着眼于对“相对剥夺感”的控制，提出合理的规划手段，将其影响控制在合理竞争的正面范围内。

第一节　资源均衡配置与和谐社区建设

一、均衡理念下的社区规划定义

社区规划一般意义上的定义是对一段时间内社区的发展目标、实现目标的方式与方法以及人力配备的整体安排。在国外，对建成社区的规划被称为“社区发展规划”，也可称作“社区规划”；对新建社区的规划称为“社区规划与设计”。从发展目标来看，社区规划有别于传统的以财富增长为主要目标的发展战略，追求的是社会福利的最大化；从发展机制来看，社区规划倾向于社区居民共同参与和民主决策的“自下而上”的体制；从发展结果上看，社区规划则有利于促进居民生活状态的改善和邻里交流的实现。可见，社区规划从思想渊源到价值取向均体现了“以人为本”的发展观。

鉴于当今社会生活方式阶层化趋势的日益演进，以及人们对居住环境的需求与感知日益阶层化现象的加深，社区规划应当倡导资源均衡配置，并从社会环境与物质环境两方面考虑如何满足不同群体的基本需求，实现其权利，尤其要关注弱势群体的需求，以平衡社会发展过程中所产生的贫富差距过大的社会极化问题，体现均衡、共享的原则。因此，关于资源均衡配置理念下的社区规划可以定义为：以社区生活空间质量为核心，反映资源共享、空间公正、文化平等与价值尊重的社会空间体系规划。

二、社区资源均衡配置的主要内容

在西方经典社会学理论中，“社区”与“社会”是相对的概念。从本质上讲，社区规划是一种社会规划。虽然它对社区各方面的物质形态都进行了规划，如绿地、休闲场所的空间布局，社区商业、卫生服务、公用设施的布置等，但这些只是社区规划的物质基础，其核心内容则是以社区现状条件为出发点，通过对社会、经济等因素的统筹考虑制定整体协调的发展规划。

由此可见，当下社区已经超越了单纯的地理意义，人们对于居住环境的认同感和归属感以及通过共同生活所形成的共有文化价值观下的社会关系和社会生活方式，是社区给人的一种精神和情感上的寄托。社区在一定程度上就是人们赖以生存的物质和精神环境。因此，社区资源配置应包括物质规划和以满足居民精神追求的社会规划两个方面。

第二节　基于空间均衡的社区资源配置研究

在当前社会经济发展水平等多种因素的影响下，我国出现了以收入水平为特点的社会居住空间分层现象，即城市中不同收入阶层的居民居住在档次各不相同的社区中，但与之相对应的社区资源却没有按照社区水平的不同进行配置，由此造成了“高配置—低利用率”“低配置—高利用率”等多种社会问题。由我国目前的社会经济发展背景来看，贫富差距、市场经济模式决定了居住空间分层现象将在未来一段时期内长期存在，与此同时，考虑到目前我国社会资源仍处于较为有限的状态，根据社区经济水平和文化层次的不同，进行针对性的社区资源配置无疑是现阶段实现社区生活空间均衡性的最佳途径，这也是本节研究均衡性的社区发展背景。

一、社区资源配置概念的界定和背景

（一）社区资源配置的概念

近些年，在城市社会地理学领域，国外专家学者就社区资源的构成问题进行了深入的研究分析，并得出了较为一致的结论：社区资源主要是指保证社区居民身心健康所不能或缺的社会环境、自然环境以及相关设施和场所。同时，这些组成内容涵盖商业、教育、医疗卫生等六大设施类型。本节据此将社区资源的概念定义为：以物质资源为依托的各类设施和场所。并根据所提供服务类型的不同，把这些设施和场所分为了6大类，36小类（表5-1）。

表5-1　城市社区资源构成

<table>
<tr><th>大类</th><th>小类</th><th>大类</th><th>小类</th><th>大类</th><th>小类</th></tr>
<tr><td rowspan="6">购物及商业服务设施</td><td>小卖部</td><td rowspan="4">医疗卫生设施</td><td>药店</td><td rowspan="9">体育和娱乐设施</td><td>公园</td></tr>
<tr><td>水果肉菜市场</td><td>单位医院</td><td>游泳池</td></tr>
<tr><td>百货店</td><td>社区医疗服务中心</td><td>社区广场</td></tr>
<tr><td>小餐馆</td><td>大中型医院</td><td>社区活动中心</td></tr>
<tr><td>超市</td><td rowspan="9">社会和文化服务设施</td><td>理发店</td><td>图书馆</td></tr>
<tr><td>银行</td><td>洗衣店</td><td>网吧</td></tr>
<tr><td rowspan="7">教育设施</td><td>幼儿园</td><td>社区服务中心</td><td>电影院</td></tr>
<tr><td>小学</td><td>家政服务中心</td><td>老年活动中心</td></tr>
<tr><td>初中</td><td>残疾人协会</td><td>健身体育活动场地</td></tr>
<tr><td>高中</td><td>物业管理公司</td><td rowspan="4">公共与通信设施</td><td>邮局</td></tr>
<tr><td>职业学校</td><td rowspan="3">其他</td><td>公交汽车站</td></tr>
<tr><td>成人大学</td><td>公用电话亭</td></tr>
<tr><td>老年大学</td><td></td></tr>
</table>

表5-1所列的社区资源的六类组成要素共同构成了社区居民日常社会生活所需要的地点和场所，这些地点和场所的作用主要体现在两方面，一方面，为社区居民下班后的邻里交往等日常活动提供了便捷舒适的交流场所；另一方面，这种便捷舒适的、非正式场所的存在为社区居民之间社会联系的维护提供了强大的保障。

如果从城市社会地理学的视角来定义社区资源配置，那么其主要指的是把满足社区需求的资源在社区空间内进行合理的统筹布置，提高社区居民的社会生活空间质量，实现社区的可持续发展。所而谓均衡的配置包含数量上的均衡和空间上的合理布局。

（二）社区资源配置的背景与现状

（1）社区资源配置的背景

首先在国际化的背景下，城市生活空间的演化日趋社区化。从本质上讲，全球经济一体化、社会重构与家庭和社区的重构是有着密切联系的。这种密切的联系表现在两个方面，其一，家庭和社区的重构是经济和社会重构的附带产物；其二，对于生活在家庭以及社区中的人们来说，他们的日常生活本身也是体现全球化进程的众多基本元素之一。如 1970 年代，美国许多城市相继将大规模的城市更新称为“邻里复兴”，这一新的概念将居住社区作为城市更新的基本单位；并将其视为一个有机的系统。

其次是出现了复合功能的社区。从城市的局部空间结构看，城市具有整体扩散趋势下又相对集中的特性。在世界范围来看，经济发达地区的城市化过程已经逐渐停滞，并相继进入了逆城市化阶段。这使得位于郊区的原来的居住中心逐渐发展成了区域的商业、就业中心。这样具有多方面功能的社区，与国外学者尝试性提出的生态型社区、边缘城市、电子社区等的概念类似，它们共同表明了未来城市社区的发展方向。

最后是城市社区体系的建立。对于西方发达国家来说，城市建设已经达到了全面建设社会的阶段，它所构建的是现实主义的、以人为本的社区生活系统。城市空间的发展过程中，在经济条件为基础的前提下，由于人们社会阶层、社会地位、文化水平、年龄阶段的不同，城市社区空间按照不同人群的需求逐渐分化、分离成了各种不同等级、不同功能的城市社区系统。人们日常生活所需要的城市空间结构即由这种社区系统组成。此外，伴随着社会经济的快速发展，社区内阶层化、等级化特点的出现也是社会发展的大势所趋。

（2）我国城市社区资源配置存在的问题及分析

自 20 世纪 70 年代末开始实行经济以及对外开放政策的改革以来，我国社会开始进行了全方位的、深入的、急速的转型，城市宏观空间结构的基础出现了发育不全面的问题，城市社会空间结构与城市社会生活空间结构均处于尚未发育的初始阶段，导致城市社会生活空间结构及其影响下的社区资源配置遇到了许多问题，主要体现在下列几个方面：

首先，城市社会物质空间结构发育不健全。从宏观层面上来看，改革开放以后，城市开发进入了规模化、速度化的状态，单位分配住房模式下所形成的居住地点与工作地点在空间上紧密联系的状态已经不复存在了，取而代之的是居住地点与工作地点在空间上的分离，这种生活空间结构的改变在给居民带来各种困扰的基础上，也导致了各种城市问题的出现。从微观层面上来看，在市场经济机制下，城市土地开发过度商业化。对经济利益的过度追求导致公益性设施的商业化几乎完全缺失，因此也就导致了社区资源的缺失，使得社区生活难以稳定有序地开展。换言之，城市土地开发过度地依赖市场经济的引导会导致公共文化娱乐设施用地被其他经济利益更高的商业类用地所占用。

其次，城市社会空间结构发育不健全。虽然在社区资源配置中对居民的实际使用需求给予了越来越多的关注，但是受建设时代的影响，许多较早时间建设的社区仍存在着社区资源配置不能满足人们实际使用需求的问题。与此同时，我国城市居住区规划所依据的相关法规也早已不能满足城市社区的发展需求。

再次，城市社区生活空间场所体系尚未构建。在城市社会空间结构发育不健全的情况下，其对社会中不同群体所做的分别考虑也就比较有限，这种缺失主要体现在两个层面，在宏观层面上主要表现在城市社会空间难以形成有机和谐的整体、城市社会空间发展不全面、社会资源分布不均等方面。在微观层面上，社区资源配置过程中弱势群体的需求往往会被忽视。对于妇女、儿童、老年人以及残疾人等特殊人群的特殊要求，在社区居住环境的建设中往往没有给予足够的重视。

最后，社区资源配置的公正性还表现在不能按照社区水平的不同进行配置。城市中不同档次社区中居住着不同阶层的居民，有着不同的受教育程度、收入水平和文化素养，因此，他们对社区公共服务设施的配置需求也不尽相同，大体上来讲，收入水平高的居民对社区的商业服务设施、文化娱乐设施、休闲场所等社区资源的类型和层次都会要求得比较高；而对于一般的工薪阶层来说，他们对社区资源的要求主要体现在满足一般性需求的层面上；而对于低收入阶层来说，他们更加关心满足基本生活需求的相关资源的配置。社区居民对社区资源需求的这种差异性特点要求社区资源配置要能够因地制宜，具有较强针对性，即对不同收入层次的居民配置不同层次的社区资源，这样一方面，所有的社区资源配置都做到了为其中的居民量身定做，社区居民的满意度与归属感将会得到大大提升；另一方面，有效地避免了社区资源的浪费问题以及与之相对应的短缺问题。

综上，我国目前社区资源配置方面存在以下问题：针对不同的社区主体，社区资源配置主要为分层配置，这种资源配置方式存在着高配置—低利用率的资源浪费问题和低配置—高利用率的资源配置不足的问题。由于我国处于特殊的发展阶段，这种分层的状态将会在过渡阶段长时间存在。本书对于社区资源均衡配置的研究正是在这样的背景下进行的。

二、均衡理念下社区资源配置的意义和原则

（一）均衡理念在社区资源配置中的意义

日常生活中与人关系最密切的环境就是社区，而生活的质量在一定程度上可以作为衡量社区好坏的标准。

下面本文将从生活质量的角度阐述均衡理念在社区资源配置中的意义。

首先，生活质量是社会追求的最高目标。西方经济学家加尔布雷斯首先在其著作《富裕社会》中提出了生活质量的概念，他认为生活质量指的是人们对生活水平做出的全面评价。所谓的全面评价则不仅仅是物质方面，还包含了心理感受——均衡感受。社会的发展使得不均衡现象也不可避免地出现在与人们关系最为密切的社区环境中，因此，均衡对与生活质量有着很大的影响。

其次，社区是生活质量最直接的承载者。城市生活的本质就是在城市中展开各种各样的行为活动并享用与行为活动相对应的空间资源的过程，因此，人们在城市中展开各种行为活动的机会以及相对应的空间资源的可获得程度及其舒适性就决定了人们生活质量的高低。人们的日常行为活动主要包括四种：居家、工作（上学）、购物与休闲，与之相对应的空间资源为家庭、单位（学校）、商业服务场所以及文化娱乐场所。而城市社区是这些空间资源的主要提供者，因而也就成了人们生活质量最为直接的承载者。

最后，均衡的社区规划是提高生活空间质量的途径。城市社区是人们进行日常行为活动所需空间资源的主要提供者，因此社区空间资源质量的提高有助于人们生活空间质量的提高，而均衡的社区规划是提高社区空间资源质量的主要途径。

（二）均衡理念下社区资源配置的原则

（1）同等的可接近性

从本质上来讲，城市生活空间质量就是建立完整的城市生活空间体系，并保障不同阶层的社区居民对这一体系具有空间意义和社会意义两个层面上的同等的可进入性。第一，城市社区空间资源要具有系统性和完整性，要以人的实际使用需求为出发点，以保障社区居民的各种使用需求得到最大程度的满足，

以此提高生活空间质量水平。第二，充分考虑到不同社会阶层因收入水平、受教育程度等的不同而对社区资源配置的要求各有不同，进行社区资源配置时要通过资源的合理配置，保障社区对不同阶层群体、不同消费人群都具有吸引力。第三，城市社区是城市及其社会系统的组成单元之一，作为一个独立的单元，它有着自身的相对完整性，作为更大系统的组成单元之一，它对其他单元以及上一层级系统又具有一定的开放性。第四，社区的资源配置不能只局限于对空间、场所、设施等单纯的物质类资源或经济的关注，社区人员组成结构、邻里交往等精神层面的因素作为社区的非物质资源，对于社区的健康发展也起着至关重要的作用，应给予同样的关注。

（2）社会均衡与空间均衡

在市场经济为主导的经济模式下，各路房地产开发商为了谋取更多的利润，想方设法购买区位、交通等条件优越的城市用地，并将其开发为高端购物商场、高品质居住小区等，使得城市优势资源向高收入阶层倾斜。这种城市建设中的社会与空间的不公正问题在未来的城市社区资源配置中应尽量避免，而这一目标的实现需要两个层面的共同配合，一是城市社会空间层面，也就是机会与空间的公正，即要使不同阶层的群体都有能够“安居”的社区家园、能够“乐业”的工作场所，最终使得各类群体都能过上安心、舒适的城市生活。二是城市生活空间层面，也就是均衡与共享，既要保障所有的社区居民对社区的商业服务等公共设施、文化休闲等活动场所、组织管理等软件设施具有平等的使用和参与的权利与义务，又要保障不同类型的社区居民的正当生活需求能够得到满足。

（3）社区环境与文化生态均衡

城市社区资源配置中的生态文化均衡指的是社区资源配置在生态、文化两个层面要以可持续发展为原则，具体内容为：①在社区生态环境方面，要将社区视作城市生态系统甚至是区域生态系统的一个组成单元，在进行社区资源的设计中，要以当地的气候条件、自然地理特征、人文社会环境为根本出发点，科学地决策材料选择、资源回收利用以及污染的防治等内容；②在社区文化环境方面，在考虑社区在城市文化系统中的位置与角色的基础上，保障社区居民各类文化行为活动都有相应的空间与场所得以展开，同时要保证社区居民日常文化活动的地域性与丰富性，从而促进社区的良好运作以及城市地域非物质文化的传承与延续。

三、均衡理念下社区资源配置的意义和原则

随着我国经济的发展，人们对生活环境的要求也变得越来越高，反映在社会生活空间上就是，社区以及社区中的休闲场所要具有完整的等级和系统体系以满足不同阶层人群日常行为活动对社会生活空间的需要。就具体社区生活空间的配置来说，首先应满足人们“收入”“安全”“健康”的基本生活行为需求，在这一基础上，应满足不同阶层人群各具特点的行为活动对社区生活空间配置的要求。

本节将从社区基本空间资源、生活空间资源和交往空间资源三个层次，研究社区居民由物质需求到精神需求所对应的空间资源的均衡配置。

（一）社区基本空间资源的均衡配置

在社区空间资源配置中，首先应考虑不同社会阶层所共有的、满足基本生活需求的行为活动对社区空间的要求，这主要包括以下三个方面：

①社区收入（就业）空间资源的配置。这里需要重点考虑的是社区环境与周边环境资源配置的均衡性。社区要提供各类机构与场所，为社区居民就地工作或者跨社区工作提供更多的机会，从而使社区成为集居住、工作、购物以及休闲等多种功能为一体的城市组成单元。尤其对于低收入群体居住的社区而言，社区中提供就业机会的机构和场所应与周围的商务办公区、工业园区等结合考虑，并进行统一规划建设，以解决低收入群体需求最为紧要的就业问题，从而提高人们的收入，改善人们的生活水平。

②社区安全空间资源的配置。首先，要建立相关机构，长期负责社区安全的促进工作。其次，就消防、交通、生产以及重大自然灾害等安全项目，针对社区居民年龄、性别等条件的不同，进行相应的空间资源配置。

③社区健康空间资源的配置。首先，要提供健康的生活和工作环境，尤其要把握好建筑、道路以及环境的疏密与空间组织，避免给社区居民造成紧张、压抑、沉闷的心理感受。其次，要建立健全社区的健康服务场所，尤其要注重对可达性方面的考虑。再次，社区健康服务设施的配置要因地制宜地展开。对于当前健康服务设施质量较低的社区，应以基本医疗服务设施的配置为首要任务，以保证社区居民最基本的医疗健康需求得到满足。对于当前健康服务设施质量较高的社区，在对市场需求进行充分调研的基础上，可考虑建立高等级综合性以及专业性医疗服务设施。

针对以上三种基本空间，结合目前各阶层的需求，实现均衡应该是满足需

求的，同时也是高利用率的资源配置模式。各阶层基本空间资源的均衡配置要求如下表所示（表 5-2）。

表 5-2　各阶层基本空间资源的均衡配置对比

阶层构成	就业空间资源配置	安全空间资源配置	健康空间资源配置
精英阶层	工作地点与社区的距离无特殊要求	高安全级别，社区形象要求与其身份相符	高等级、专业化的医疗服务设施
中产阶层	要求一般，工作与居住地的距离非首要要求	较高的安全级别，社区形象尽可能与身份相符	较高标准的医疗服务设施
工薪阶层	要求较高，通常在就业场所附近选择社区	普通安全级别，向上和向下兼容性较大	标准化的医疗服务设施
社会底层	要求高，就业场所应毗邻社区布局，满足就近就业需求	一般安全级别，基本安全设施配备齐全	一般的医疗服务设施，保证初级医疗保健需求

（二）居民生活空间资源的均衡配置

随着社会经济水平以及人们收入水平的同步提高，人们的消费层次也开始分化，并最终会导致社区生活空间资源的“阶层化”“等级化”。在这一时代背景下，社区生活空间资源的配置要牢牢把握住时代的特点与需求，一方面在人们生活水平大幅度提高，对商业服务、文化休闲活动需求增多的情况下，社区生活空间资源的配置应把握住这一规律，即通过相关公共设施的进一步完善满足人们日益增长的需求；另一方面，在社区居民日常生活行为日渐“阶层化”的背景下，社区生活空间资源的配置应满足人们多样化的行为需求。

（三）居民交往空间资源的均衡配置

随着社区对居民生活以及社会发展作用的日益增强，良好的社区交往空间资源配置将有利于加深社区居民的感情以及维持社会发展的稳定。

在社区交往空间资源的配置过程中，应注重社会性行为空间与功能性行为空间的结合，以促进人们自发性活动、社会性行为的发生，从而增强居民间的情感联系。如在商场超市的出入口周边、社区学校的出入口周边设置一定的休闲和娱乐空间等，为社区居民社会性活动的发生提供良好的外部物质条件，使社会性活动能够随时、随地发生。

各阶层社区在交往空间资源的配置上应考虑的内容如下表所示（表 5-3）。

表 5-3 各阶层交往空间资源配置

阶层构成	交往空间资源配置要求
精英阶层	强调私密性，高档次的交往空间，如私人会所等室外交往空间
中产阶层	私密性与开放性相结合，会所和室外场所
工薪阶层	以开放性交往空间为主，少量会所
社会底层	基本为开放性交往空间

第三节 资源配置问题导向下的社区规划研究

近年来，社会政治经济体制改革使中国社会阶层分异现象趋于深化，而经济适用房、土地招拍挂的土地供应政策更加剧了居住空间分异现象，阶层隔离和矛盾，以及社会不同阶层间的冲突，并给社会稳定带来了严重的负面影响。从城市规划相关理论研究成果及国内外社区规划的经验来看，采用不同收入阶层混合居住的模式，有助于不同收入阶层的城市居民享有近似平等的生存与发展条件，能够在保证开发商投资效益的基础上，解决社会问题，实现和谐发展，同时这也是实现社区生活均衡性问题的最佳解决方案。

一、城市居住空间分异的主要影响因素和对均衡性的影响

（一）城市居住空间分异的影响因素

第一，是居民收入水平的差异。这是居住空间区位分布的直接影响因素。伴随着社会经济的发展，人们的收入水平得到了大幅度的提高，在经济条件变得宽裕的情况下，人们对生活环境的质量和品位都有了更高的要求，因此人们会选择档次更高的社区进行居住。但是由于收入水平的差异性，人们对住房的购买力也不尽相同，最终导致了居住空间的分异，并且这种分异在城市发展进程中的不同阶段有着不同的分布特征。在这样的发展趋势下，高收入阶层逐渐搬至市区边缘的高档住区内，而原来的住房则由低收入的家庭居住。此外，人们收入水平的提高也进一步增强了家庭的购买力，私家车也随之普及到了收入较高的家庭，其活动能力与活动范围得到了拓展，也进一步推动了郊区化的趋势。由上文的分析可知，在收入水平差异化的背景下，不同收入阶层的居民必然会选择区位不同的社区居住，而收入水平相当的居民则会选择区位与条件类似的区域，这最终导致了阶层分化为特征的居住空间分异的现象。

第二，是人口政策的影响。我国的城乡二元制度限制了人口的自由迁移，

延缓了我国的城市化进程并造成了工业化远远优先于城市化的现象。20 世纪 90 年代开始，限制人口流动的政策逐渐松动，全国的农村劳动力，甚至是工人、知识分子都蜂拥而至般地前往大城市寻找发展机会，具有较高知识水平的人员进入大城市，一段时间之后就可以在城市中购买自己的房产并永久地居住，也直接地促进了房地产市场里中高档社区的开发。而大量的农民工来到大城市之后，因为知识水平和技术能力的欠缺，只能从事技术含量较低的服务业相关工作，收入水平十分有限，只能选择房租低廉的城市边缘的临建简易房或者“城中村”进行居住，由此形成了流动人口大片集中的聚居区，这种新时代的居住现象对大城市的居住结构产生了不容忽视的影响。

第三是土地制度改革的影响。随着市场经济模式的逐渐确立，我国的土地使用制度由之前的政府划拨转变为了有偿使用的方式，这有效地促进了土地市场和房地产市场的发展，人们对土地资源进行使用时会更多地尊重市场经济规律，通过对价值规律以及区位地租差异的分析，进行土地资源的合理布局，这使得各大城市的功能结构与土地使用效率得到了较大的提升。在这一规划背景下，居住区的区位选择以及规划建设逐渐步入了以经济规律为导向的正规发展阶段，城市的居住空间结构进由此得到了不断的提升优化。

第四是住房制度改革的影响。住宅商品化的制度改革结束了单位大院模式的居住空间结构，居住空间的类型开始朝多元化的方向发展，并取得了明显的成果。为了提高人们的购买能力，让大部分居民都能住上自己的房子，国家出台了住房公积金政策，各单位也相继推出住房补贴、集资建房等政策，由此也减轻了市政单位的经济压力。另外，随着住房商品化制度的逐渐成熟，房地产行业迅速崛起，并一直保持了良好的发展势头。人们购买住房的消费需求成了拉动经济发展的重要动力，这一方面促进了社会经济的发展，另一方面也使得不同收入阶层居民的住房需求得到了最大程度的满足，使得城市的居住空间结构逐渐步入了良性发展轨道。总而言之，在多种影响因素的共同作用下，居住区的设计水平、建设标准都得到了极大的提高，有力地保障了居住区建设的持久稳定、居住空间结构的逐渐优化。

第五，是居民属性（空间偏好）与家庭结构的影响。人们对于居住空间区位的选择往往受其年龄阶段、知识水平等属性以及家庭组成的影响，居住空间的结构也在这一影响下不断地发展变化，相关专家学者从社会学、行为学的角度对这一问题进行了深入的研究，进一步分析总结出了年龄阶段、工作类型、文化水平的不同对人们居住需求的影响：一般而言，年轻人普遍喜欢熙攘繁华的都市气息，对商业服务及文化娱乐等设施有着较高的需求，而城市商业、商务中心地段是满足这些条件的首选位置，因此单身上班族、两口之家往往会选择在这类地段周边购房居住；对于更加成熟理性的中年人来说，他们更关注实际生活需求的满足，所以更倾向于在单位周边或教育资源优越的地方居住，因此大部分的三口之家会选择在交通条件、教育资源等条件都较优越的地段居住；人到了老年，更在意自己赖以生活的社会关系，他们更喜欢在现居住地或环境品质较高的社区安度晚年，因此会选择在社会关系所在的地区或远离喧嚣的城市中心的地方居住。总而言之，居民年龄阶段、知识水平等属性以及家庭结构的不同会对其选择居住空间有较大的影响，并且在这一影响下形成了具有一定特征的居住空间结构。

根据以上分析，笔者认为，未来城市发展中，在各种因素的综合影响下，多样的居住空间结构特征将会持续存在，新的特征也会不断呈现。首先，多样的居住空间结构将会持续存在，但居住区的类型将会以开发商建设的商品社区为主；其次，为了满足不同群体的需求，居住区的开发建设将呈现出类型更加多样化的特征；再次，随着城市环境条件的逐渐恶化，购房者会更加注重居住区的环境品质，因此生态条件优越的居住区会更加受欢迎；此外，随着科学技术的不断更新发展，居住环境中的科技含量也在逐渐提高，居住区的智能化将成为未来的发展趋势；最后，随着社会的发展，以人为本的观念会逐渐深入人心，居住的建设也应以满足不同群体居民实际使用需求作为根本出发点，尤其要考虑到老年人、单亲家庭等弱势群体的需求。总而言之，未来的居住社区将会更加的优化，多样化、生态化、智能化将是主流的发展趋势，以人为本的规划理念将会得到更好的贯彻实施，最终形成科学合理的居住空间结构。

（二）城市居住空间分异与资源配置失衡

根据前文的分析可知，多种因素的共同作用导致了居住空间分异现象的产生，这种分异现象存在着由经济因素所引起的资源配置失衡的问题，而这些问题是建设和谐社会所不能忽视的。人类社会的生活不仅仅只有经济这一方面的内容，思想、政治等也是生活的重要组成部分。

从思想层面来看，在经济因素的主导下，城市居住空间出现了以收入阶层为分界线的分化现象，从而使得不同收入阶层人们之间的交往只可能在商业服务、工作等极少类空间中发生，早年间那种情感深厚、世代交好的邻里关系逐渐消失了。在这种居住空间严重分异的情况下，人们的生活完全以经济利益为中心，价值观念逐渐偏离了理性轨道，道德观念也日益淡薄，高档次社区居民与低档次社区居民之间的尊卑落差日益增加，社区居民的亚健康心理状态变得更加明显，生活质量、工作态度与效率也都受到了不同程度的负面影响。

从政治层面来讲，以经济收入差异为主要影响因素的居住空间分异现象造成了不同社区间的对立状态，并对社会的稳定产生了负面的影响。尤其对于低收入阶层来说，这种分异使得他们的生活条件变得更加恶劣，一方面，整个社会的消费和投资日益偏离他们的阶层；另一方面，他们的就业机会也在严重的萎缩。物质的匮乏必然会造成低收入阶层精神文明水平的降低，打架斗殴、聚众赌博、买卖吸食违禁药品等违法犯罪活动在低收入阶层聚居区的发生频率呈逐年上升的趋势，这种阶层问题的恶化，势必会影响社会长足稳定的发展，必须要引起全社会的高度重视。

因此，从实现社会均衡发展的社会本质来说，低收入阶层与高收入阶层应该有较为平等的生活与工作环境，而实现这种平等的方式之一就是不同收入阶层之间的混合居住，只有这样低收入阶层才能享有较为平等的物质条件，从而获得改善自身经济状况的机会。

二、倡导“邻里同质，社区混合”的社区均衡发展模式

（一）居住空间分异背景下均衡发展的内涵

以哥伦比亚城市规划师彼得·马尔库塞为代表的专家学者认为，在全球经济一体化的背景下，资本主义进入了后工业化的发展阶段，资本家与劳动者之间的分化、剥削以及排斥关系仍然会不断地产生发展，这使得广大劳动者的利益得不到保障。在两极分化不断加深的时代背景下，一些专家学者提出了“新自由主义”理论，该理论所倡导的社会市场经济体系认为，当以社会均衡发展为保障的社会平衡不能维持时，社会的经济发展势必也会受到负面的影响，因此，我们在全力进行社会经济建设的同时也不能忽视社会均衡发展原则的实现。20世纪90年代，西方发达国家兴起了一个名为“第三条道路”的社会经济思想潮流，这一思想潮流提出了坚持社会公正的重要性，并且提倡个体与社会之间应建立一种合作与包容的新型关系。这一思想潮流一经提出即引起了大量城市规划领域相关学者的关注，并以此展开了深入的研究，社会空间公正与社区资源配置的研究方向在这一背景下应运而生。这一思潮对于城市居住空间的影响在于其主张城市社区空间的平衡性，使社区居民的基本生活需求能够得到满足，并且能够享用经济发展所带来的各种改变。

（二）社区混合居住的客观必要性

针对居住分异可能产生的各种问题，混合居住作为一项解决方案得以推出，并已经获得了充分的认可。混合居住模式首先在美国提出，目的是解决公共住房计划所带来的贫困集中问题。具体的内涵是指不同收入水平、不同文化背景以及不同职业的群体和谐相处、优势互补，共同生活在一个居住空间中。根据研究，笔者认为社区混合居住的客观必要性主要在于：

①符合城市社会发展的客观规律。城市自形成之初就是由各类人群所组成的混合体，这里的人们来自不同的地方，有着不同的文化背景，从事着不同类型的工作，大家居住在同一个空间中。混合居住模式的社区也是如此，人们有机会和各类人群相遇、相识，这不仅体现了城市生活的丰富性，也维持了社会生态系统的多样性。其实，这在中国传统居住空间中就有明显的表现：在老北京城里，胡同两侧四合院的居住方式五花八门，那里既有大户人家的独居四合院，又有几十户人家混居的大杂院。同时，在混居的四合院里，各家各户社会属性的差别并不影响他们柴米油盐日常生活的进行，人们在这里同样获得了安静、安全的居住环境，老北京城的居住区正是由无数个这样的四合院组成的，这种混合居住方式不仅维护了社会的稳定，还提高了人们居住的安全性——即使社会和经济的差别不断扩大颇使其他居住环境中的居民感到不安。

②能够解决社会问题，实现和谐发展。国外专家学者认为，混合居住模式是解决社会阶层分化，引导人们进行跨阶层交往，并最终实现社会和谐发展理想的有效方法。杰姆斯·科尔曼在其著作《社会理论的基础》中提出：社会中人们之间的互助是保障社会和谐稳定发展的基本条件。

③增加开发商的投资效益。对于具有混合居住功能的社区来说，其应具有多样化的住房类型，以适应不同阶层参差不齐的购买力，同时还要具备多等级的商业服务、文化娱乐设施以满足不同阶层人群的生活需求。而对于房地产开发商来说，开发类型的广泛性一定程度上也降低了投资的风险性。

④混合居住模式尤其对于低收入人群具有深远的社会意义：

第一，低收入阶层的行为习惯在高收入阶层的影响下会逐渐向更文明、更健康的方向发展，这使得在居住环境得以改善的基础上，低收入阶层的生活环境质量也会得到进一步的优化。

第二，在混合居住模式的社区中，网络科技的普及、信息渠道的增加、社会观念的改变以及中高收入阶层对服务业需求的增多等因素都有助于低收入阶层就业机会的增加。国外学者狄肯斯（William T Dickens）就曾提出，社交网络的局限性是阻碍低收入阶层获得更多就业机会的最大屏障。

第三，高收入阶层的社会行为具有更严格、更明显的准则，这对于生活在同一个居住空间中的人们来说，无形中会起到一种引导和规范的作用，因而能大大提高整个社区的精神文明水平，也可使周边地区的犯罪率得到有效的控制。

第四，对于社区中的低收入阶层来说，社区服务中心所提供的图书音像等文化资料、就业招聘等各种信息、涉及各个行业的技能培训等服务有助于提高低收入阶层的文化水平、就业能力等多方面的综合素质。

因此，混合居住模式是符合构建和谐社会，解决现阶段我国所面临的各阶层分化日益严重问题，较大程度地体现均衡发展的社区规划模式。

（三）美国案例研究

美国在混合居住模式的实践中虽然颇有争议，发展至今也还有不尽完善的地方，但是对本文中研究我国的居住模式仍具有一定的借鉴意义。

自20世纪70年代起，为了克服公共住房计划所带来的贫困集中问题，美国不再实施集中建设公共住房的政策，而是以混合居住区的建设作为解决问题的对策。具体的操作方法为，地方政府通过控制土地的使用以及免征税收等政策努力将低收入阶层的住宅混合到中高收入阶层社区中去。

美国的混合居住模式主要分为5种类型：高收入混合模式，中收入混合模式，平均混合模式，低收入混合模式和贫困群体混合模式，相关的统计数据表明，不同的混合模式具有不同的主体构成、收入构成和房屋构成比例。总体来说，低收入群体比例越高，保障性用房所占的比例就越高。

同时，混合社区所在地区的整体经济状况还会影响到社区房屋的租金。以美国的波士顿、休斯敦和莫比尔为例，波士顿的混合社区房屋租金高于一般中等家庭的收入水平；而在休斯敦，混合社区房屋租金则低于一般中等家庭的收入水平。

在研究中还发现，美国实际混合社区的发展情况与混合模式的主体及所在区域都有关系。位于塔萨斯、奥克兰、波士顿和旧金山的不同混合住区内，其居民机构及收入结构都存在很大不同。

美国社区规划的研究结论还表明：社区在一定程度上向下兼容，既能避免“相对剥夺感”所带来的负面影响，又能较大程度的实现资源共享，提高社区资源的利用效率。

三、基于“邻里同质、社区混合”观念的社区规划策略

（一）我国城市居住空间分异的现状及出路

在我国现阶段的发展背景下，城市居民的贫富差距日益加大，这种两极分化的居住空间结构带来了众多的社会问题，一方面加剧了不同收入阶层间的隔阂与排斥，另一方面低收入社区中的贫困集中、安全性差、犯罪率高等问题也在日益增多，这些问题对当今我国的社会结构产生着重要的影响。

为了解决城市发展中的这种阶层分化问题，未来的城市发展要格外注重能够促进阶层融合的建设方法。首先，在宏观的社会层面，各级政府应着力出台改善贫困的相关政策，以提高低收入阶层的生活水平，缩小阶层之间的贫富差距；其次，在中观的社区层面，社区是人们进行社会活动的主要场所，把握好社区建设是促进阶层融合最为行之有效的方法，对于实现全社会的融合具有重要的意义，总而言之，实现社区融合不仅实现了社区本身的建设目标，还为城市的良性发展打下了最为坚实的基础。

（二）“邻里同质、社区混合”的社区规划策略

在混合居住模式的实践方面，美国及香港的发展经历有许多可借鉴之处。首先对于美国来说，一方面，从20世纪70年代开始，美国部分地方政府开始对土地的使用进行控制，并出台了一系列的税收优惠政策，目的就是在城市的中高档居住社区中混合一定比例的低收入阶层住房；另一方面，在公共住房的规划建设方面，美国国家住房与城市发展部放弃了以往的集中建设方式，开始将跨阶层混合居住社区的建设作为主要的发展方式。而对于香港来说，其主要是通过政府立法来推进混合居住模式的发展的，相关法律法规主要有：在新城区、新市镇的建设中严格控制商品房的比例，原则上不能超过40%；不同社区的商业服务、文化娱乐等公共设施的配套应执行同样的标准，并且要实现共享性的使用，这些政策的共同目的都是减小不同收入阶层之间的隔阂，逐步解决贫富两极分化所产生的各种社会问题。

通过以上分析，笔者认为混合居住模式是解决贫富分化问题的主要方法之一。根据混合方式的不同，混合模式的居住区大体上可以分为两类，一种是完全混合型社区，这种社区在欧美国家比较常见，也就是在中高档社区中混入低收入阶层的公共住房；另一种是“大杂居、小聚居”的社区，这种社区主要采用向下兼容的模式，一方面高收入社区向中等收入社区兼容，另一方面中等收入社区向低收入社区兼容，也就是在高收入社区中混入中等收入社区，在中等

收入社区混入低收入社区。

另外，从鼓励“相对剥夺感”正面效应，减少“相对剥夺感”负面效应的研究初衷看，“向下兼容”的混居模式是有利的。因为一定程度的向下兼容说明混居的群体之间差异不会过大，不会有过大的心理落差和盲目攀比。同时，主要的混居群体还有相类似的需求，在资源配置上也能实现节约和共享。因此，这一模式是我国针对居住分异现象较适宜的策略。

通过上文中的分析总结，笔者提出了居住社区“邻里同质、社区混合”（或称“小同质、大混合”）的理念，主张中大型的城市社区应能容纳不同社会阶层的居民，强调城市居民的跨阶层混合居住，尤其对于中高档社区来说，应规划有一定量适合中低收入阶层的住房，为居民的混合居住提供基本的物质前提。需要说明的是这种混合是同阶层小范围聚居前提下的混合，并不是随机的、毫无规律可言的。

需要指出的是，本文研究的混合居住是居住区级别的混合，认为在居住区里应有一定比例的公共住房；对于居住组团，笔者运用“相对剥夺”理论分析认为不宜有太大的分异。

（三）注重社区导向标识系统设计，关注弱势群体

目前，我国城市社区分类标识系统过于笼统，缺乏导向性和系统性，使得社区居民难以辨别方向，整体可操作性不强。此外，导向标识很少关注到所有人群的使用，导致老人、幼儿等弱势群体受到了伤害。而日本幕张新都心住区在规划中将导向标识作为城市设计导则的专项内容进行整体考虑，基于所有住户的需求进行规划设计，可识别性强并满足了人性化需求，具有很好的借鉴作用。因此，本节以《幕张新都心住区标识设计指南》为例，探讨在社区规划中如何进行导向标识系统设计，并通过对不同群体进行人文关怀，体现设计的人性化。

幕张新都心住区导向标识从宏观角度进行系统分类，并以导则形式应用于以后阶段的设计。规划将导向标识进行服务主体的区分，即将步行与车行作为主要的区分因素，充分考虑不同使用主体的需求，具有针对性（表 5-4）。

表 5-4　导向标识系统分类建议

<table>
<tr><td rowspan="7">步行者的导向系统</td><td rowspan="3">导引图</td><td>市区范围导引图</td><td rowspan="4">公共标识</td></tr>
<tr><td>社区范围导引图</td></tr>
<tr><td>周边街区导引图</td></tr>
<tr><td colspan="2">街道标识</td></tr>
<tr><td colspan="2">公共设施的标准</td><td rowspan="3">导向标牌</td></tr>
<tr><td colspan="2">街区的标准</td></tr>
<tr><td colspan="2">独栋建筑楼号标牌</td></tr>
<tr><td rowspan="3">车行者的导向系统</td><td colspan="2">地名街名的标识牌</td><td>公共标识</td></tr>
<tr><td colspan="2">交通规划标识</td><td rowspan="2">导向标牌</td></tr>
<tr><td colspan="2">停车场标识</td></tr>
</table>

其中步行者标识主要通过导引地图的形式进行地区引导信息，并根据地图设置点在整个区域的位置权重分为大、中、小节点，不同节点的布置种类与信息内容都有所侧重。而车行标识也分为中节点与小节点两类，通过与信号灯的结合，在道路十字交叉口两侧设置标识架，帮助车辆寻找行驶方向与目的地。因而，幕张住区导向标识充分考虑了不同使用主体的需求，体现了人性化。鉴于幕张导向的标识分布，在社区节点可设置由导引地图、建筑名称等组成的导向标识系统。此外，在幕张新都心导向标识本体设计中体现了人文关怀，设计充分考虑了步行者与车行者对标识系统的需求，从标识的设置位置、本体、表示方式三方面进行具体要求。

当前，由于城市越来越复杂庞大，在未来社区规划中应充分将导向标识纳入城市设计专项规划中，使之更加系统化和专业化，并充分满足不同使用者的需求，使规划更加均衡合理化。

（四）混合社区规划的其他要点

在公共设施的配置方面，对于混合社区，笔者认为应该根据混合的群体特征，在一般社区的基础上进行适当的调整，以形成更适合混合社区的公共设施布局。从而保证社区居民有适宜的空间开展各类社会性交往活动，以促进社区居民的跨阶层交往。

当前，我国居住区规划中普遍存在着一些不利于混合居住社区建设的问题：一方面，当前居住小区的建设规模一般较大，20 ～ 30hm^2 的小区较为常见，不利于混合社区中各小区居民之间交往活动的进行。反之，小区规模的减小有利于将公共住房混合在城市社区中，从而也能促进混合社区的均匀分布。另一方面，我国的居住小区普遍采用封闭式管理的物业形式，居民往往只在所在小区内进行短暂的休闲活动而很少突破小区的范围走到城市中去，这就大大降低了人们进行跨阶层交往的可能性。因此，笔者建议，以步行10分钟和通常公共设施的服务半径300～500米为标准，尽可能把小区控制在一个核心内，那么小区的规模控制在3～8公顷都是适合的。

关于混合社区内的建筑和景观等方面，公共住房小区主要用以解决城市贫困阶层的住房问题，但这并不必然意味着公共住房就是低档廉价的代名词。如果公共住房在建筑外观、景观资源等硬件方面与商品房差异过大，则必然会引起居住公共住房的居民产生自卑感甚至是隔离感，产生阶层间的仇视心理，从而失去了混合居住社区的社会意义。此外，公共住房与商品房品质差异过大也会影响到混合社区作为一个整体的品质，可能会降低商品房对中高收入阶层人群的吸引力，达不到“社区混合”的目的。因而作为一种福利制度，政府应对混合居住区进行一定程度的经济帮助，与此同时，规划设计也要具有一定的前瞻性、舒适性。

第四节　研究结论

一、主要结论

首先，针对居住空间分层状态将在未来一段时间长期存在且因现阶段社会资源有限的事实，根据社区经济水平和文化层次的不同，进行有针对性的社区资源配置是现阶段实现社区资源配置均衡性的最佳途径。在此基础上，社区资源配置主要从社区就业空间资源配置、社区安全空间资源配置、社区健康空间资源配置三方面展开。

其次，从长远的发展角度看，采用不同收入阶层在一定程度上混合居住的模式是解决社区生活空间均衡性的最佳途径，是真正符合我国城市社会发展的客观规律及社会均衡的价值观。针对我国收入阶层间贫富差距悬殊的客观事实，“向下兼容”的混居模式是更有利的，即“邻里同质，社区混合”的理念，这一理念强调城市居民的跨阶层混合居住，尤其对于中高档社区来说，应规划有一定量适合中低收入阶层的住房，为居民的混合居住提供基本的物质前提。

在此基础上，通过对社区选址、混合比例等内容的探索性研究，得出了构建混合社区的相关结论：混合居住社区应以新规划居住区为主，以主城区边缘地区为最优布局点，新建居住区中公共住宅的比例一般应控制在20%～60%

之间，混合居住区中居民家庭收入水平的浮动范围是邻里平均收入水平的50%～200%。

二、实践意义及在社区规划中的应用

本章的研究对修建性详细规划之一的社区规划阶段中社区生活服务设施的配置、混合居住模式社区的构建具有重要的指导意义。对于已建成的、具有居住空间分异特征的社区来说，在社区规划阶段，可参考本章的研究结论，根据社区经济水平和文化层次的不同进行有针对性的社区资源配置，最大限度地实现居住生活空间的均衡性。对于拟规划建设的社区来说，在修建性详细规划阶段，参考本章的研究结论，确定“邻里同质，社区混合”的规划理念，并进行慎重地选择及确定合理的公共住房比例是发展混合居住模式、实现均衡性社区生活空间的必经之路。

第六章　基于资源均衡配置的城市规划制度保障

近年来，我国城市规划和城市发展领域受科学主义和理性主义的影响，一些观点强调城市规划是一门科学，另一些观点强调城市规划是公共政策，认为国家城市规划行政主管部门应积极推进城市规划的政策建构。两种表述相应地体现了城市规划思想上的人文主义与理性主义。在市场经济体制下，利益主体呈现出了多元化的特点，城市规划实际上是通过土地与空间资源的合理配置，分配各项社会利益来协调与整合不同社会群体与个体之间的利益关系。这也就是说城市规划实际上是一项政治过程，具有鲜明的公共政策属性和意识形态色彩。本章通过阐述当前城市规划体系的现状和关键性问题，对城市规划制度中问题较突出的审批决策体制进行了研究，同时，由于保障资源均衡配置的关键在于公众参与，也对公众参与的有效性进行了探索。

第一节　城市规划体制现状

一、城市规划面临的资源难题

（一）城市规划体系在社会经济发展层面的均衡缺失

我国现有的城市规划编制体系是以空间为线索展开的，每一个层面的规划都是综合的、全面的、以全覆盖为目标的。但是，随着市场经济的深入展开，城市规划编制的这套指导思想、原则、理论依据和审批程序由于缺少对区域和城市未来发展中不确定因素的考虑，包容性和扩充性不强，与地区的社会经济发展愈发不相适应。无论是经济发达地区还是经济欠发达地区，无论是法定规划还是非法定规划，这种不相适应对地区的整体发展来说是不均衡的。另外，大量的非法定规划虽然在指导城市发展和建设方面起了重要作用，但由于不在法定规划系列之中，其在指导建设方面的效力难以明确界定，不利于规划的实施和管理。因此，如何通过非法定规划促进均衡发展也是规划制度保障中需要重视的一个方面。

（二）城乡规划监督制约机制的均衡缺失

由于城乡规划监督制约机制还不完善，导致违反规划的行为屡禁不止，影响了城乡规划的严肃性和权威性。在城乡规划上不能实现公平执法是对城市资源的一种浪费，也是对城市发展不负责任的表现。例如，有些地方不顾城乡建设和发展的客观规律，有法不依，执法不严，随意违反城乡规划，盲目建设，导致土地资源浪费和城乡建设布局失调；相当多的城镇没有制订切合实际的详细规划，随意批租土地进行建设等，这些现象都是以经济利益为主导的城乡规划监督机制的均衡缺失导致的。

（三）城市规划公共政策属性还缺乏相应的制度保障

城市规划属性从过去偏重于作为经济发展的技术手段向构建和谐社会的公共政策的转型是新时期城市规划体制改革最根本、最深刻的内涵，但当前城市规划公共政策属性还缺乏相应的制度保障。没有制度的保障，就难以实现构建和谐社会，促进城市均衡发展的目标。如政府政绩考核机制和分税体制改革的不完善使得各级地方政府均有追求 GDP 的潜在利益冲动，使得城乡规划在节约土地、资源集约利用、环境保护、区域与城乡统筹和协调发展等内容上难以得到切实有效的落实；城乡居民对政府财政支出还缺乏有效的监督与制衡机制，使得城乡规划在人居环境改善、中低收入阶层住房保障、公共交通发展、基础设施和公共服务均等化等强制性和引导性方面的指标难以得到贯彻和实施，而这些内容同时也是保障资源均衡配置的重要措施；城乡规划公众参与的制度保障还不完善，城乡规划公众参与的方法、形式和手段尚待完善。目前我国公众参与的重点还局限于政策实施而非政策制定阶段，公众很少参与规划的政策制定甚至监督，只是在政策的实施过程中被赋予了告知权和检举权，这离理想的“公民权利”式参与还有一定的距离。尽管公众是城市规划服务的对象，但是他们对自己切身相关事务的发言权还相当有限。所谓城市规划的公共政策属性，首先强调的是公共属性，而之所以能成为公共属性，则依赖于公众的参与，离开了公众参与，也就谈不上资源均衡配置了。

（四）城市规划目标与实施效果的背离

城市规划的最后目标是达到社会共同好处与整体好处的最优化。城市规划的每次决策均需要依照此原则。因此，作为社会利益的主要关系人，公众需要参与到规划决策整个过程中。然而，一直以来的“大政府、小社会”的影响，使得我国的城市规划决策基本上是由政府决策，规划单位执行的自上而下的整个过程。公众难以在此中表达他们的价值观、要求和行动方式，从而使得规划决策出现了封闭型的特征。主要的利益关系人不能够参与到规划决策中，使资源不能得到有效配置。

在创建决策时，无论是机构还是个人，需要把其所负有的责任、所具有的权限以及所享有的权利都规定清楚，做到权责对等、责利相符、分工明确，在城市规划决策领域也不例外。但是，从实际情况来看，城市规划决策领域经常面临着责、权、利不明确的情形，它直接关系着城市规划决策的科学性和开放性，并带来了有权无职、有职无权、互相扯皮、人浮于事等相关系列弊端。另外，城市规划领域的某些决策往往无法依照贯彻执行的决策模式执行，也造成了一系列问题。

二、小结

综上所述，笔者认为，目前城市规划的编制已有了一定的制度保障，但仍不足够实现资源的均衡配置，而城市规划的审批决策体制是目前城市规划体制亟须得到关注的核心方面。

城市规划的主要工作是对一定时期内的城市发展进行综合的研究部署，而以人为本的规划思想表明，人是城市的主体，是城市规划以及城市可持续发展的首要关注点，应以人的实际生活、工作等需求为出发点，本着公正的原则，为生活在城市中的人们提供良好的生活环境，提高人们的生活水平。从这一角度来看，因为城市规划的审批决策所决定的是人们生活环境的空间布局与未来发展方向，可以与每一个居住在城市中的人都是息息相关的。总而言之，城市为居住在其中的人们所共有，城市规划的审批决策也就理所当然地应该由所有的市民共同商议决定。

把居住在城市的居民的意见纳入城市规划的考虑范畴中来，这样的体制虽然能使城市规划的决策体现出大部分人的意愿，但是可操作性却十分有限，这样的决策方式有可能会导致效率的低下。

本文通过对城市规划委员会制度和城市规划非政府组织（NGO）两种模式

进行深入解读，从兼顾均衡与效率的角度研究它们对城市规划决策的作用。前者在一定程度上仍属于政府机构，有助于决策的专业性和科学性；而后者则更大程度上吸纳普通民众的意见和建议。如果能有效发挥二者的优势，将会为城市规划的决策机制带来很大的提升。

第二节　注重均衡与效率的城市规划审批决策体制

就城市规划具备公共政策属性这一特征而言，其不仅可以指导城乡建设与发展，更是调控城乡空间资源、促进社会和谐的重要工具之一。为保证城市规划工作本身切实强化并发挥作用，前提应该是完善规划技术，关键是规划的决策，而城市规划实施的管理和监督是城市规划工作真正实现资源均衡配置的有力保证。

城市规划决策是指规划决策主体制定公共政策的过程，这一过程主要针对城市规划及其发展过程中过去、现在以及将来要发生的问题，通过信息搜集、性质判断、方案选择几个重要环节后，最后实现政策的制定。现行的城市规划审批决策体质在本质上体现了城市规划审批决策的一系列制度，其管理的主要内容为决策主体、决策权力、决策依据、决策程序、决策监督等，是规划审批决策的一系列制度安排。

城市规划决策的科学管理，是城市规划管理工作的中心环节，也是城市公众福利实现的重要影响因素之一。部分学者认为，决策者本身的素质、决策时的社会背景等因素对城市规划的审批决策有着较大的影响，通过对相关研究成果的分析，结合多年参与城市规划实践的经验，笔者的观点是，城市规划审批决策兼顾效率与正义是其关键所在。

一、我国城市规划审批决策体制的均衡与效率的现状

（一）关于城市规划审批决策体制的规定

自 2008 年 1 月 1 日起施行的《中华人民共和国城乡规划法》中的第十三条至第十六条，第二十条和二十二条的内容具体体现了我国城市规划最新的审批决策体制的规定与要求。依据以上条款，我国现行城市规划审批决策宜实行前置规划审查、分级审批与最终行政决策三项原则，这三项应全部应用于我国城乡规划体系的各个层面，包括城市总体规划、城镇体系规划、城市详细规划等。

分级审批的原则。对于分级审批来说，是指不同级别和层次规划的审批决

策权在行政主体上分属是不同的。国务院、省、自治区、直辖市人民政府、（地级）市人民政府、县级人民政府有着各自负责审批的范畴，这在城乡规划法里都有明确的规定。

城市总体规划审查的前置原则。审查前置具体说来就是指城市总体规划决策程序应该处于审查程序之后。这从《中华人民共和国城乡规划法》中相关的法律法规可以看出，审查程序是我国城市总体规划法定的必然程序，而且在这个过程中体现出审查优于和先于决策的过程，是不可逆的。

行政最终决策的原则。该原则主要是指行政机关或其行政主管部门掌握城市规划审批的最终决策权。根据《中华人民共和国城乡规划法》的规定，在我国，国务院，省、自治区、直辖市人民政府，（地级）市人民政府，县级人民政府是行使城市规划审批最终决策权的主体。

由我国现行的城市规划审批决策体制可见，城市总体规划在审批决策过程中民意代表机关往往是其中的制约因素，而我国民意代表机关则是人民代表大会或者其他常务委员会。城市同级人民代表大会或者常务委员会在城市总体规划编制实施的前期阶段具有对编制成果的审查权。然而，对城市详细规划时，规划的制定机关同时具有编制和审批权，在这个过程中民意代表机关对其没有审查与制约的权利，这种缺乏有效分工与制约的规划审批决策体制不利于城市规划均衡与效率的实现。

（二）我国规划审批决策体制的怪现象

在我国特定的政治体制下，政府与城市规划管理部门基本掌握了城市规划审批的最终决策权。政府作为代表全体城市居民公共利益以及合法垄断了强制力的社会组织，应组织全体社会成员进行集体决策来确定公共物品的“生产”和“供给”，并通过这样的方式向社会提供公共服务。但实际城市规划实践的结果是自上而下进行演绎的，即在高层政府和中层政府之间进行决策，一个城市的规模、要具备什么样的性质都是由政府决定的。更为严重的是，有部分地区的城市规划最终决定权仅集中在小部分领导手中，这导致了规划决策形式的严重不均衡性，领导的审美要求、个人偏好决定了城市的发展。在这种社会状况下，规划的审批大会演变成了“一言堂”的形式，由领导个人作为决策者，行使的公共权力变成了个别领导的公权力。因此城市规划的结果便无法体现出普通公众的意愿。政府的官员掌握着城市规划各层面的决策结果，尤其对控制性详细规划和修建性详细规划有很大权限，而这类规划也成了政府领导梳理个人政治业绩和政治形象的工具，由此，出现了“一届市长，一轮规划”的乱象。

（三）基于国内规划审批现状的启发

我国当前城市规划的审批还存在一系列问题，难以保障城市资源的均衡配置。第一，规划结果缺乏统筹性。国内城市规划审批既不是全体市民一致参与或共同投票产生的，也不是由人民代表大会及常务委员会投票决定的，同时，民意代表的审查和投票也不具备最终的决策权，这就导致了居民在资源配置话语权上的有限发挥，现有的关于公众参与的相关规定往往起不到实质的作用，而只是停留在形式阶段。第二，行政决策体制缺乏效率。行政最终决策体制即由少数人组成的政府和规划管理部门来决策，表面看来是高效的，但此类决策受个别领导的影响较大，在个别领导的意愿的控制下的决策过程往往是以“政绩”为目的的，忽视了城市居民的实际需求以及城市建设的科学性要求，这会使得城市规划决策失误屡屡发生，由此对城市建设以及城市的经济发展产生了诸多的负面影响，在这样的决策方式下，决策体制越“高效”，“一任市长，一轮规划”现象的负面影响就越严重，这种重蹈覆辙式的城市建设模式严重阻碍了城市建设的发展，同时也反映了我国行政最终决策体制效率的低下，甚至是无效率、负效率的。

二、关于规划审批决策体制均衡与效率的实现路径

（一）城市规划委员会制度的引入

针对如何制定兼具均衡与效率的城市规划审批决策体制的问题，各个国家和地区都在进行长期的探索与实践，最终城市规划委员会制度得到了较为广泛的认可。这项制度来源于规划管理实践中的“3D”（即 Democratic（民主）、Decentralization（分权）、Development（发展））理论，主要通过规划委员会的广泛参与和协商来实现城市规划的民主作用，这样的城市规划管理委员会必须是独立运行的合法机构，从而实现影响决策规划的行政机构合理分权，由此成为均衡与效率兼具的城市规划审批决策体制，以实现社会健康有序的发展。此类委员会的成功范例屡见不鲜，如美国的各城镇规划委员会依法成立，代表社会成员的公共利益，能够承担城市规划编制与决策的职责，并且在规划决策中保持一定的独立性。相较于通过城市公众参与的城市规划审批而言，城市规划委员会通常通过大幅度精简成员来提升其决策效率，并大幅度降低了城市规划会议的讨论成本。这样一来该制度一方面能够保证决策过程所需的时间、人力、物力、精力都在一个适度的可接受范围内，另一方面具有广泛代表性的委

员能够在规划的编制和审批过程中充分地表达出民主的意愿，进而保证了城市规划审批决策均衡与效率的实现。

（二）我国城市规划委员会的类型

近年来，我国各地城市逐渐认识到了欧美等西方国家的城市规划委员会制度的优势，并相继对其进行借鉴与学习，其中，绝大多数省会级城市以及部分地厅级城市在城市规划审批决策环节中逐步建立了规划委员会制度，但功能与形式却不尽相同，主要可以分为以下三种类型。

（1）顾问咨询型

此类型规划委员会中的专家主要以政府受聘的业内行业专家组成，其职责和权利主要是针对重大的城市规划提出策略与建议，并且委员会的决议只是政府及规划管理部门进行规划决策的参考意见，对城市规划决策的干预作用最弱。目前，我国大部分城市的规划委员会都是这一类型的，如南京市、苏州市新加坡工业园区等。

（2）管理协调型

该类型规划委员会除了具有作为顾问提供咨询的职能外，还兼具一定的管理职能，但这种管理职能的权利很有限，只是进行协调和仲裁，并没有行政执行的权利，在政府行政顺序中没有明确的位置。在我国，少量的城市规划委员会是这一类型的，比如北京、上海等。

（3）管理决策型

此类型规划管理委员会具有合法性，并拥有自主管理与行政决策能力。首先，对于需上级审批的规划项目，该委员会拥有批前需审议的权利，其次，对于其他许多城市规划事务，该委员会拥有明确的审批职能，并且其所作出的决议不再是参考性的意见，而是必须执行的行政决策。在我国，作为城市规划体制改革的先锋，深圳市的规划委员会属于这一类型，与此同时，一些城市的规划委员会在尝试性地向这一类型改革。

从我国各城市建立城市规划委员会的最终目的来看，顾问咨询型、管理协调型规划委员会显得有名无实，没有实现取代城市规划由个别行政领导决策审批的现状形式，因此，管理决策型才是未来城市规划委员会发展的方向。

（三）我国城市规划委员会制度现状

1998 年，在借鉴香港发展经验的基础上，深圳市以立法的形式在我国第一个建立了城市规划委员会制度，通过一段时间的磨合发展，已进入了有序运行的阶段，并在全国起到了很好的示范作用，在其带动下，上海、厦门等国内其他城市也先后成立了城市规划委员会。广东省建设厅于2005年出台了《广东省城市规划委员会指引》，该指引要求省内地级以上行政机构以自身情况作为出发点，完善城市规划。

根据比较研究发现，国内比较先进的城市规划委员制度在深圳和广东，制度运作顺利且决策有效，具有很强的可操作性。首先其融合了委员会集体选定和首长负责制度的各项优点，积极发挥了集体的智慧，有效减少了地方高级领导的个人态度和意志导致的城市规划决策的弊病。其次，城市规划委员会有效分离了部分政府和规划主管部门的权利和职责，使之各司其职，进而形成了规划项目决策和执行的有效分离，有效减少了由规划不当进而引发的社会矛盾。再次，规划委员会由不同专业、不同利益团体的成员构成，进而更加促进了规划方案审批的合理性，也利于获得各层面公众的理解和认同。最后，规划委员会很大程度上调动了全民参与规划方案实施的热情，实现了对规划有组织的监督，促进了规划监督机制的完善。

但从总体上看，城市规划委员会制度也只是刚起步，存在着很多值得进一步探索的地方。

①规划委员会的职责存在角色冲突。以深圳为例，其规划委员会的政治地位和美国的城市规划委员会相同，均属于政府机构，起到规划方案的专业审批和审查的作用。但是，国内城市规划的最终决定权利在于政府，而城市规划委员会没有承担任何责任。但从规划审批的合理性角度来看，城市规划委员会应承担一定的责任，由于“权责对等”的行政原理，它应该承担相应的责任。因此，从法律角度出发，深圳城市规划委员由于本身没有任何资产和经费，其并不能单独负责民事责任，这就是国内与国外规划委员会本质的不同。

②对异议、纠纷、诉讼等问题的处理缺乏效率和准确性。由于我国社会和经济的发展，城市规划设计过程中产生的纠纷、诉讼等问题逐渐突出，而国内对于此类问题的解决方式仅有两个途径，一是行政途径，往往缺乏均衡考虑、低效率；二是通过司法程序解决，其缺乏一定的技术合理性，且成本较大。

③城市规划委员会的决策过程不够公开。根据《广东省城市规划委员会指引》第三章第二十条显示，“城市规划委员会会议可以邀请公众旁听，或通过广播电视或者网络直播等形式向社会公开审议过程”。然而目前的城市规划委员会会议基本上只有政府部门和规划设计单位参与，公开程度有限。

（四）城市规划委员会制度的重构

根据前文的分析发现，我国目前的城市规划委员会制度还存在改进的空间，下面是关于改进的初步设想：

第一，城市规划委员会要具有审批决策权。通常来说，全体公众共同参与城市规划决策方能体现制度的合理性，但由于我国特殊的人口现状，城市规划项目繁多等问题，城市规划结果由全民大众一致表决参议实施起来较为不现实。另外，基于前文阐述的规划委员会的职责存在着角色冲突问题，笔者建议确立城市规划委员会的法人地位，因为按照“有权必有责、侵权要赔偿”的行政、民法原理，目前规划委员会的尴尬地位是对社会公众参与模式的不重视造成的。当城市规划成果与社会公众的意愿相悖时，规划主管部门就要为这种具有争议的规划“埋单”，以实现对社会公众的意见协调与兼容。因此，重新确立城市规划委员会的地位是可行的也是符合实际需求的。

第二，增加规划救济路径。研究发现，许多发达国家都通过设立独立的规划上诉委员会以对城市规划方案的合理性进行仲裁。我国香港地区依据《城市规划管理条例》设立了香港城市规划上诉委员会，该委员会具有自主独立性，委员会主席由法律专业人士担当，组织成员由香港政府委任，均为非政府人员。香港规划上诉委员会的主要职责是对已审批的规划许可进行审核，并对违规项目提出上诉。而美国由于政府的规划实务十分复杂，居民经常会要求其来解释社区规划条例的具体内容，因而其各级政府都设立了城市规划上诉委员会来解决这些问题。而反观国内的社会政治环境，设立独立于政府的规划裁定委员会实施难度较高，比较可行的是赋予现有的城市规划委员会规划仲裁的权利。根据国内法律相关规定，城市规划制定是广义的立法行为，其成果具有类似于政府章程的行政效力，这说明我国的城市规划决策是不可上诉的。因此，需要规划委员会应有规划的审核和仲裁的权利，以使不同利益群体能够通过规划委员会这一渠道表达自己的意愿，解决规划救济问题

第三，要加强对城市规划委员会审批决策行为的监管力度，其作为全民意愿的代表机构，在对规划审批和监管的过程中要严格监控，全民大众应是规划委员会的监管主权人，并且拥有直接干预具体行为的决策能力。这样规划委员会就可以以集体决策取代了过去由行政首脑个人决策的方式，通过市民、政府机关、新闻媒体等有效的监管避免使委员的决策违背全民大众的意愿，同时也可避免公众利益的损失。同时，在不涉及国家机密、个人隐私的条件下，委员会对规划审批表决的过程必须向公众与媒体公开，这样也可以督促委员会成员合理地行使权力，避免滥用职权的行为。同时城市居民可通过书面形式递交，或者直接参与到规划审批过程中，以避免城市规划损害公众的利益。

三、小结

城市规划委员会制度保证了城市的各个专业领域的非公职人员的同等参与，全民大众监管机制的引入保证了各个层面的专家以及学者对规划内容的技术渗透，各个阶层代表着不同的利益团体，保证了规划对于全面大众不同阶层意见的共同考虑，体现了规划的均衡、公正和合理性。随着市场经济体制的不断改革，依法行事成为未来社会发展的方向。

从长远发展考虑，城市规划委员会发展方向为独立于行政机构的规划决策组织，人民代表大会及常务委员会直接赋予其权利，除法定规划中必须由国家上级主管部门进行审批的宏观规划项目外，其他如中、微观项目的审批决策及项目选址等都可由城市规划委员会负责决策。

第三节　多元利益诉求下公众参与模式的有效性研究

公众参与城市规划的理念引入中国到现如今已逾十年，其承载了厚重和良好的愿望和理想，被认为对于推动社会公正和完善行政程序的实践有着特别积极的意义。城市规划公众参与的制度设计、运行效果备受关注。但是，在我国，城市规划公众参与实际上存在着严重的逻辑与现实的困境，理论上矛盾凸显，操作中也是进退失据。公众参与城市规划在我国存有多种形态，映射出了不同的社会观念及其实现机制。因此关于城市规划公众参与制度有效性的研究更显得重要了。

一、城市规划公众参与的现状概况

（一）城市规划公众参与的困境

不管是普通城市居民，还是规划主管部门、城市政府部门以及规划行业的专家学者，他们都希望城市规划中公众参与的引入能够对资源均衡配置的实现起到积极的推动作用，但城市规划公众参与是否有效，人们却各有观点。

首先，行政机关、规划专家、宣传媒介等将公众参与的作用、影响、价值、意义等内容描述得如此动人，使得人们不由地对其寄予了各种厚望，尤其是对于公众责任感、社会凝聚力的增强方面，人们对其能够带来的积极推动作用充满了期待。然而，社会各界的赞誉及其发达国家的现象无疑使人们觉得公众参与的引入即使不能面面俱到地解决所有问题，但至少也是有利无弊的，而事实上，公众参与并非在理论上绝对正确，西方仍有人对其持保留态度，认为决策者应“远离监督和群氓的干扰”。

其次，行政主体与公众的矛盾凸显。城市规划公众参与的公众方支持来自对于城市规划良好结果预期的提升，“社会公正”要求水涨船高；行政主体对于城市规划公众参与的良好预期根植于其对通过公众参与提升公众对行政决策过程和结果的认可程度。事实上公众参与将大大增加政府的工作难度，而增多了考量因素时决策会更摇摆不定或“平庸化”。这不仅会对城市规划行政活动的效率产生负面影响，还会白白地增加行政成本，更为严重的问题是，由于人们对公众参与抱有极高的期望，往往会使公众对规划结果产生失望的心理，并最终导致公众参与交替于“冷漠”和“过热”之中，政府则倾向于走过场，最终使该制度难免落空。

再次，公众的分化与参与不平衡。在现实中，有些群体具有相当强的组织性、话语权和话语能力，能够通过各种途径对于一级政府甚至上级施加压力，进而影响决策。例如，经济实力超强的企业往往会通过私下谈判的形式，与政府通过交易来干涉城市规划的决策。而对于受规划决策影响很大的一些社会群体来说，却由于组织化和参与能力很弱，只能在城市规划实施后受到严重不利影响时，才会通过行政诉讼、信访等途径，试图影响城市规划及其实施。这种影响程度、参与能力、参与意识的不平等问题应得到规划与政府部门的重视。

最后，关于公众参与的结果。未引入公众参与之前，相关部门主要通过自身的主观判断对规划做出决策，但公众参与引入之后，决策主体在规划过程中的地位与作用将发生较大的变化，以至于城市规划的决策甚至被认为是最佳结果。特别是当所有相关主体的诉求、能力都被适当考虑后，妥协貌似既符合法律规定，又是最能合乎所有人意志与利益的选择。然而我们还应正视：公众不可避免地属于某一种利益群体，他们的诉求会有一定的倾向性，同时由于专业性的缺乏，也会导致公众参与的不全面性。

总之，良好运行的城市规划公众参与确实能够使得城市规划行政过程与决策更理性、民主，可以提高认同范围和程度，但并无法保证实体结果最优。从更长远看，城市规划公众参与的有效运行离不开国家的权力机关，当脱离国家制度背景而将城市规划公众参与作为解决城市规划诸多问题的手段时，城市规划公众参与反将由于“越位”“错位”而落空。因此，应该寻求新的有效模式应对现在的困境。

（二）天津城市规划公众参与的进展

天津市城市规划的公众参与的一个创新模式是把城市规划展览馆与城市规划紧密结合，实时更新规划公示内容，征集市民对规划的建议和意见，开馆至今，征集意见建议万余条，其成了联系政府、规划部门和市民间沟通的桥梁。

天津市规划展览馆开馆以来，先后举办了《天津市空间发展战略规划》《天津市文化中心规划设计方案》的公示，并完成了滨海新区规划展区序厅等展示区的更新改造工作，开展了公众互动参与区的更新改造，完成了涉及泰安道地区五大院项目和180余项城市规划设计成果的内容展示，完成了泰安道地区保护与开发利用规划、杨柳青历史文化名镇保护规划、五大院地名征集等活动，将规划方案第一时间向市民展示，做到了最新规划展示成果的信息共享。

在展示规划方案的同时，展览馆还通过多种方式开展规划方案建议意见征集活动，很多市民通过电话、邮件、信件以及留言的方式为规划方案建言献策。笔者有幸参与了中心城区“一主两副”规划设计方案、于家堡金融区规划设计方案等六大规划方案的公示，各项目的主要设计人员均在公示现场直接面对公众，提供咨询并及时记录市民的反馈。在为期10天的征集期内，规划展览馆共接待市民近4万人次，征集电子邮件、来信及现场留言4000余封（条），此外还有来电近3000个。而在所有征集到的意见建议中，98%的人对规划持肯定意见，有2%提出了建设性意见，展览馆将收集的公众意见及时反馈给相关责任部门，发挥了规划馆作为政府及规划部门与社会公众沟通、交流的桥梁纽带的作用，为天津的城市规划建设发展做出了贡献。

天津市的规划公示给笔者最大的启示是，作为非专业人员，公众所提的建议或意见相当一部分是非规划层面的，也有局限在个人利益上的拆迁问题，有效性不高，因此，设计人员就成了公众和政府之间联系的纽带，城市规划展览馆则为这种联系提供了固定的场所。可以说是一种相对有效的公众参与模式。然而，场所可以是长期的，设计人员的参与却只能是暂时的，但是设计人员的专业作用却是不可忽视的，其一方面在接待市民的过程中能够站在专业设计而不是政府的立场给予科学的解释，另一方面，在吸纳不具备专业背景的市民的意见时，能起到“过滤”的作用，极大地提高了政府相关部门的工作效率。因此，如果能将这种有效的模式形成一个具有组织性的机构，那么城市规划公众参与就能在有效性上得到极大的提升。

（三）西方发达国家城市规划公众参与的特点

公众参与理论诞生在西方发达国家，所以那里有着较多成熟有效的操作实践值得我们借鉴和学习。

（1）美国城市规划中的公众参与

对于向来崇尚“民主自由”、有限政府权力和有效公众责任的美国来说，其对公众参与的重视是自然而然的事情。从20世纪50年代开始，美国通过《联邦高速公路法案》《环境法规》《新联邦交通法》等一系列法律法规的制定对公众参与方面的诸多内容进行了深化。

在美国，公众参与主要是以组织的形式进行的，这些组织并不一定都有实际的权力，对于像公众咨询委员会、公众规划委员会这样没有实际权力的组织来说，它们主要参与讨论并提出一些建议。而对于美国地方政府委员会这样有实际权力的组织来说，其主要起到监督、提出修改意见的作用。

此外，美国公众组织参与城市规划的方式较为多样，主要可以分为五种：第一种方式主要有问题研究会、公众听证会等，这种方式适用于规划的任何阶段；第二种主要有居民顾问委员会、医院调查等，这种方式主要适用于确定开发价值和目标的阶段；第三种方式主要有公众复决、社会专业协助等，这种方式主要适用于比较方案的阶段；第四种方式主要包括公众雇员、公众培训等，主要适用于实施方案阶段；第五种方式主要包括寻访中心、热线等，主要适用于方案反馈和修改阶段。

（2）英国城市规划中的公众参与

在英国，结构规划和地方规划构成了其城市规划体系，其中，结构规划是一般性的规划，地方规划是详细的规划。1968年，英国《城市规划法案》的颁布标志着英国公众参与正式成为法定的制度。此后，英国诸多有关城市规划的法案都一再强调了公众参与的重要性，如《城乡规划法案》1971年版，《城乡规划（结构规划和地方规划）条例》1982年版以及1984年的第22号通告中都明确提出：结构规划一定要按照立法的要求完成包括公众参与在内的所有规定程序后，才能成为具有法律效力的文件进行公示。

与此同时，英国的相关规划法案对结构规划及地方规划过程中公众参与的具体操作方式进行了详细的规定。首先，对于结构规划，其工作程序主要包括现状调查研究、规划目标确定、规划文件编制与规划成果审批等几方面的内容。其中，为了真正实现结构规划的因地制宜，规划目标的确定必须要经过郡规划局、区规划局、其他相关政府部门和社区委员会的民主协商。其次，在规划文件的编制过程中，郡规划局要负责将结构规划所涉及的政策、规划的目标与原则、规划方案以及附录部分的内容进行公布并组织公众参与讨论，并且根据讨论出的意见对规划文件进行修改。最后，郡规划局还要负责将公众参与规划讨论、根据公众意见修改规划文件的过程整理成册，然后由中央环境事务大臣对这些内容进行批复，只有中央环境事务大臣对这部分工作表示满意，整个结构规划的审批工作才能提上日程，相反，如果不满意，中央事务大臣会把结构规划的所有成果文件退回到郡规划局，郡规划局则需要重新组织公众参与。对于受理结构规划的中央环境事务大臣来说，他们的工作也要接受公众的审查，并根据审查的意见与地方规划当局进行商讨，在此基础上做出最终的决策。相较于结构规划，地方规划的编制与审批有所不同，地方规划由地方规划局进行编制和审批，在此基础上向中央环境事务大臣上报备案就可以，不再需中央环境事务大臣进行审批。1990年的相关立法就已明确，地方规划的编制只有完成包括公众参与在内的八项法定的程序才合法有效。地方详细规划中的公众参与工作主要包括以下内容：首先，在规划编制前，地方规划局要将此次规划涉及的有关问题向公众公开；其次，在规划文件编制完成后，要先组织公众参与和讨论后才能上报中央环境事务大臣审阅备案。

此外，在规划进行的过程中，不论是个人还是作为集体的部门，都有权利对其中出现的不合理现象进行起诉，规划监察人员或者中央环境事务大臣会对举报现象进行核实，对确有问题的要根据具体情况进行裁决，这个过程也会通过召开非正式听审和地方审查会的形式引入公众参与。最高法院对裁决结果拥有约束权力，有权利对有失公允的案件进行重新裁决。

（3）德国城市规划中的公众参与

德国同样十分重视公众参与，其通过制定的相关法律法规对规划的编制和审批进行了明确的规定，并在其中强调了必须在规划的各个程序中引入规划参与。

德国的相关法律法规也对城市规划中公众参与的具体操作方式进行了明确的规定。首先，规划主管部门在做出编制某项规划的同时，必须通过各种普及性较高的渠道将本项目的相关信息进行公示。之后，通过民意调查等形式对规划所需的资料进行收集，并在此基础上制定该规划项目的框架，再将框架交给规划专家进行研究并制定初步规划方案。规划主管部门负责将初步的方案上交政府相关部门进行意见征求，根据意见对方案进行修正后，再将方案送规划联合会征求意见。规划联合会负责对方案进行研究分析并将方案交给居民进行意见征集，并将居民的意见纳入规划方案后再将方案送至规划主管部门。规划主管部门负责研究提出意见以及报政府领导人审核签字。政府负责将审批签字后的方案送上级政府审批，而上级政府主要就是审查该规划的程序是否符合相关法规文件的要求，特别是公众参与的工作是否完善合理。最后，将经过各级审批通过的方案进行公示，对于居民或有关单位提出的意见没有采纳的，要对意见方做出相关说明。

为了保障通过审批的规划方案能够切实有效的落实，规划主管部门和规划联合会将共同对规划的实施进行组织安排，并确保公众对规划实施的监督。在规划的执行与实施方面，德国的相关执法非常严厉，规划主管部门有权利制止个人或相关部门的违章行为，如果违章者有异议，可以向法院提起诉讼，而法院会通过涉案规划主管部门的上级部门进行相关查询，上级部门会通过直接核查下级部门工作的方式对法院作出回复，法院依此进行案件的裁决。

总结分析美国、英国和德国公众参与的操作方式，我们发现它们都有一个共同的经验值得我们学习和借鉴：都注重公众参与的组织形式，这种组织层面的参与有利于确保公众参与的有效性，此外，在众多的参与方式中，非政府组织的作用尤为突出。

在西方国家中，非政府组织对政府部门工作的监督与促进有着非常积极的作用，由西方国家的实践经验来看，市场经济条件下，城市规划过程中非政府组织的参与不仅能够有效地促进政府决策的均衡性，还分担了政府相关部门的大量实地调研工作，在不影响政府职能正常实现的条件下，减轻了政府的负担。此外，非政府组织作为政府的代言人，直接面对居民，有效降低了政府与居民产生矛盾的可能性，在确保了政府形象的基础上提高了政府解决问题的效率。

各国的实践证明，独立的、受法律保护和支持的非政府组织的建立是在城市规划中实现公众参与的关键所在。

二、非政府组织（NGO）模式的引入

（一）非政府组织 NGO 的概念界定

据考证，“非政府”一词最早出现在 1945 年联合国成立时的一份重要文件里，当时主要指如国际红会、儿童救助会等发挥中立作用的非官方机构，其后逐渐发展成为一个官方用语被普遍使用，泛指与政府体系相独立的并承担一定公共职能的社会组织。1995 年，第四届世界妇女大会在北京召开，并同期举办了“世界妇女非政府组织论坛”，该论坛的召开使非政府组织这一词汇在中国得到了推广。非政府组织在中国的推广过程中，在 1995 年召开的北京世妇会中发挥了里程碑作用，期间“非政府组织”一词被媒体大量报道和使用，一批自称为“NGO”的草根组织也在民间出现，“非政府组织”和“民间组织”等用语陆续在官方文件中出现。“民间组织管理局”在 1998 年正式挂牌成立，

民政部开始对非政府组织进行统一管理。

随着西方国家民主政治的长期发展，非政府组织开始出现，后来并逐渐成为西方国家引以为豪的价值取向。20 世纪 80 年代以后，发展中国家开始进行政治变革，与此同时 NGO 在发展中国家取得了巨大发展。不同的国家其社会经济文化传统各有特点，因此其对 NGO 的认识也各有差异。在西欧和北美，NGO 主要是指国际非营利组织；在东欧和苏联，NGO 则包括了慈善组织和非营利组织；发展中国家的 NGO 具有以推动“发展”为目的的特征，具有民间性质。目前世界各国对 NGO 相对达成共识的定义为：NGO 是指致力于社会公益事业的、非政府的、非营利的社会中介组织，其宗旨是促进经济和社会发展，关注领域包括社会、经济、住区发展、住房保障、就业与职业培训等事务。

（二）NGO 的分类

按照 NGO 组织的功能不同将其分为草根组织（Grassroots Organizations）和草根援助组织（Grassroots Support Organizations）两类。其中，草根组织是基于城市社区层面，以推动城市社区进步为目标的会员性组织。主要组织形式为居民委员会、业主委员会，这些组织通过提出社区发展、规划及建设的意见来维护社区成员间的利益。草根援助组织是指在一定地区乃至全国范围内所发展形成的维护特定群体利益的组织，通过诸如环保民间组织、私营业主联盟及各类行业协会等的相互结盟来实现其共同目标。草根援助组织与草根组织存在两方面的不同，首先，草根援助组织所涵盖的范围较广，是具有区域性的网络化 NGO，主要组织成员具有专业性；而草根组织是在特定社区范围内所产生的，其组织成员通过选举产生并具有可变性。另外，草根援助组织为草根组织提供了资金、人才、组织、计划及协调等方面的援助和专业服务，是草根组织的坚实后盾。根据以上阐述可知，规划 NGO 应属于草根援助组织，是具有资金、人才等要素的机构。

规划 NGO 与其他的 NGO 都具有如下特征：NGO 是具有法定注册身份的正规性组织；NGO 是与政府机构相分离的民间组织；NGO 所获得的资金只为组织再发展所用，不能用于组织者的利润分配；NGO 是不受其他组织所支配的自主性组织；NGO 是服务于公众的公益性组织；NGO 可进行实质性的志愿捐款、志愿帮助、志愿管理等活动，具有志愿参与性。

（三）规划 NGO 模式构想

根据对 NGO 的研究，本文对规划 NGO 进行了如下定义：规划 NGO 是指为城市规划的公众一方提供援助服务的，不以营利为目的的社团、基金会、民办非企业组织以及通过工商注册的机构等非政府组织。规划NGO能利用其“专业性”和“非政府”的优势提高公众参与城市规划的有效性，促进城市资源的均衡配置。

为了实现这种有效性和均衡性，本文对规划NGO的运作模式有了一个基本的构想：规划NGO应该只受理城市规划的相关援助，在援助的同时强调依法维权和矛盾化解，专职致力于为公众提供免费而专业的援助服务。具体的内容包含以下几个方面：

第一，重大规划项目对于公众利益牵涉较大的，可由相关地区政府的上一级政府进行委托，NGO作为独立于同级政府和编制单位的第三方，与利益关系人密切联系，并作为公众代表，全程参与城市规划。

第二，中小型项目，所牵涉的利益关系人范围较小，同时项目数量和类型也较多，建议主要还是由相关利益人进行委托，规划NGO作为相关利益人的专业顾问，代表相关利益人或和相关利益人共同参与城市规划。

三、对城市规划NGO发展的思考

（一）我国城市规划NGO的发展与困境

基于上文对规划NGO运作模式的构想，同时针对我国的国情进行分析发现，我国规划NGO发展主要面临的问题是权利和资金的问题，具体包含以下几个方面：

权力方面：第一，规划NGO的身份无法有注册。根据民间组织登记和管理条例规定，任何民间组织的登记注册都必须挂靠在某一个党政机关之下，由该机关作为其主管部门，对该民间组织负政治领导责任。但事实上是，几乎没有党政机关愿意承担该责任，这迫使许多非政府组织不得不以企业的身份进行注册。在中国，NGO的身份问题得不到解决，阻碍了非政府组织在中国的发展，这成了NGO进一步发展的瓶颈。第二，规划NGO的影响力较小。西方NGO在城市规划和发展战略上发挥了重要影响，同时西方政府也为NGO提供了平台，NGO通过该平台可以对规划进行持续有效的参与。而在中国，非政府组织在城市规划、社区规划和社会发展战略制订中缺少话语权，相较于政府机构和私人组织，他们仅是扮演着相对次要的角色。另外，各个NGO之间缺乏沟通和协作，这也使得它们的影响力受到了限制。因此，缺乏话语权是规划NGO面临的首要问题，只有先确定了规划NGO在参与城市规划中的权利，给予其充分的话语权，才能实现公众参与的真正有效。

资金方面：主要是NGO运作资金的缺乏。当前在中国，非政府组织筹措资金的渠道主要有国家财政拨款和自筹资金两种方式。如工青妇等组织的资金来源全部由国家财政拨款。其他组织则是由财政拨款和自筹资金相结合，有些甚至是完全自筹资金，如中国环保NGO等组织。通过自筹资金的非政府组织的资金来源主要为其组织成员的志愿捐款，收入来源并不稳定，这样使它们无法有效的发挥其职能作用，制约了它们的发展。

（二）国内城市规划NGO保障措施

虽然当前国内城市规划领域发展NGO环境并不完善，但我们坚信随着民主改革的不断深入，NGO方式必将取得更大的发展，并成为社会经济的主要发展力量之一。本节从以下几个方面为规划NGO的发展提供了支持与保障。

（1）保障规划NGO的法律地位并提供政策支持

通过发展规划NGO，它可以组织和代表公众参与到规划决策和规划管理中来。为了更好地促进NGO发展和公众的参与，我们应从制度上作出更完善的保障。通过立法，NGO能够在法律的保障下参与城市规划事务，明确NGO在公众参与中的地位、作用、参与方式与程序、决策与管理权限等，从而使NGO能够有效地发挥作用。

（2）为规划NGO提供财政支撑

NGO在城市规划过程中需要政府的财政支撑，只有这样才能具备其运行的资源条件。在市场经济体制下，城市规划是从绝大多数公民的长远利益出发，平衡政府、公民所处的社会环境与市场经济体制的关系，以达到相对均衡的行为。也就是说，政府将一部分职能权利转移给了非政府组织，因而向其提供一些经济支撑也是无可厚非的。鉴于国外NGO的发展经验，一般情况下，政府可提供一半以上的全部收入来支持社区公民发展NGO。尽管政府是资金提供的主体，但其不能对NGO的自主能动性进行干涉，同时，政府应提供税收优惠来保障NGO在城市规划中发挥作用，如允许NGO进行社区服务、社区发展咨询、环保咨询等公共服务项目，并无偿提供优惠政策。

（3）正确引导规划NGO的进行

通过创造NGO的发展环境和提高NGO效率两方面对NGO进行合理引导。目前，国内公民普遍认同政府的行政行为，而缺乏对NGO的认识，同时对参与公众事物持有消极态度。因而，政府需努力通过广告、新闻等传媒推广手段，来提高公众对NGO的认识，并能够使公众主动参与社会管理、监督与自治等。另外，均衡与效率应同时兼顾，避免NGO成为形同虚设的组织机构。NGO要提高效率需求，使其能够在保障公众合法利益的基础上，能够简单、快速、准确地做出规划管理决策，如基于不同规划层面采取有效的方式来控制协调公众权利与公众利益的关系。

四、小结

城市规划公众参与从诞生之日起即被寄予了厚望，公众参与需要政府的高度配合，这就要求城市规划在发展思路上要更加合理、合法地满足广大公众的要求，并能够成为各方利益主体化解矛盾的桥梁。

但实际运行却远不如理想图景美妙，我国城市规划存在着种种问题，在积弊已久的背景下，人们呼吁并特别需求一种公众参与的“有效的”模式。因此，随着公众参与性的不断提高，政府应加强制度建设，推广发展规划 NGO 模式，使之能够参与城市规划的不同层面，发挥其有效作用。实现真正的、理性的和有效的城市规划公众参与，最终实现城市规划结果能够达致大多数人的最大程度认可。

第七章　结论与展望

第一节　论文的主要结论

一、宏观层面的结论

对于中小城市来说，单中心模式能够在确保城市建设经济性与可行性的基础上较好地保证城市居民获得服务设施空间路径的均衡性，是中小城市发展模式的最佳选择。对于大型城市来说，多中心模式则可以通过多个承担城市功能的、基础设施配套完善的城市中心的构建来解决城市蔓延所带来的一系列资源配置失衡问题，是大城市追求发展的必然选择。与此同时，市政基础设施和城市公共服务设施的均衡性布局是多中心城市中各个中心可持续发展的重要保障。开发时序和开发标准的倾斜、以人为本的资源配置、加强市政公共服务设施和用地规划的协调性，是促进各个中心市政基础设施均衡性发展的主要对策。规范的细化、量化的布局方法、相关政策的调控是实现城市公共服务设施均衡性供给的主要措施。

二、中观层面的结论

对于城市中的重大资源来说，根据其资源类型及规模的不同，通过相关模型的引入、基尼系数的量化分析等方法针对性地进行体现均衡性的周边用地布局，是避免“负福利”、促进城市均衡发展的有效规划措施。本研究以城市公共绿地及快捷交通站点为例，通过详尽的研究分析，总结了体现均衡性的用地布局模式。

（1）城市公共绿地

大型公共绿地可参照片区中心的级别进行其周边用地布局，公共服务设施用地的比例应适当提高。周边社区的户型配比方面，首先，应为低收入群体提供一定比例的住宅，其次，提供给中低收入群体的住宅比例不能低于一半，而提供给高收入群体的住宅比例则不能高于一半。中小型公共绿地周边可适当提高住宅用地的比例，并且中小户型的比例应控制在一半以上。

（2）城市快捷交通站点

核心快捷交通站点周边区域商业用地的比例应较大，其中，距离核心站点最近的第一圈层范围内建议以公共服务设施用地，尤其是商业服务用地为主，在距离站点较近的第二圈层范围内则重点考虑多布局住宅用地。相较于核心交通站点，外围交通站点两个圈层的住宅用地都应有所增加，而公共服务设施用地应相应地减少。户型配比方面，核心快捷交通站点周边以中小户型为主，外围快捷交通站点周边中等户型和大户型可以略多一些。

其他类型重大资源周边用地的布局可参考以上两类资源的思路与方法进行设置，从而使城市的资源被更多需要的人所享用，最终促进城市资源的均衡配置。

三、社区层面的结论

基于空间均衡的社区资源配置及资源配置问题导向的社区规划研究分别是近远期实现城市社区资源均衡配置的最佳途径。

首先，针对居住空间分层状态将在未来一段时间长期存在及现阶段社会资源有限的事实，根据社区经济水平和文化层次的不同，进行有针对性的社区资源配置是现阶段实现社区资源均衡配置的最佳途径。在此基础上，社区资源配置主要应从社区就业空间资源配置、社区安全空间资源配置、社区健康空间资源配置三方面展开。

其次，从长远的发展角度看，不同收入阶层在一定程度上混合居住的模式是解决社区生活空间均衡性的最佳途径，可以真正符合我国城市社会发展的客观规律及社会和谐的价值观。针对我国收入阶层间贫富差距悬殊的客观事实，“向下兼容”的混居模式是更有利的，即“邻里同质，社区混合”的理念，这一理念强调城市居民的跨阶层混合居住，尤其对于中高档社区来说，应规划有一定量适合中低收入阶层的住房，为居民的混合居住提供基本的物质前提。

四、制度保障层面的结论

城市规划委员会制度的改进与城市规划非政府组织（NGO）的建立是实现

城市规划制度均衡性的关键所在。

城市规划委员会制度的建立与完善有助于城市规划审批决策体制均衡与效率的实现，我国城市规划委员会制度的改进应从以下三方面展开：首先，本着专业多样性、广泛代表性的原则进行规划委员会委员的选择，保证人员组成的多样性；其次，确立城市规划委员会为法定机构，确认其法人地位并赋予其独立的规划审批决策权；最后，健全相关的监督机制，保证审批决策过程的公开性与社会各界对其进行监督的权利。

规划 NGO 是为城市规划的公众一方提供援助服务的，不以营利为目的的社团、基金会、民办非企业组织以及通过工商注册的机构等非政府组织。规划 NGO 能利用其"专业性"和"非政府"的优势，提高公众参与城市规划的有效性，进而促进城市规划的科学决策，因此，大力发展 NGO 模式是实现真正、理性、有效的城市规划公众参与的最佳出路。为 NGO 提供法律支持、制度保障、经济支持、合理引导则是改善我国城市规划 NGO 的主要对策。

第二节　论文的创新点

一、创新性的研究内容与理论支撑

研究中以城市资源的均衡配置为落脚点，将传统的城市规划学科与社会学尤其是社会学中的心理学进行交叉研究，尝试用新的途径解决传统的规划问题。由正面到负面可以总结为：合理竞争、盲目攀比、社会冲突三个层次。对于城市规划来说，如果能够关注社会大众的心理感受，控制运用好人群的相对剥夺感受，就可以既推动合理竞争，又维持社会安定和谐，同时还能在规划过程中更科学地展开利益的协调。

二、创新性的抽象问题的量化方法

创新性的根据基尼系数的算法进行反向操作，利用已知的各个分组的人口数占总人口数的比重反推对应分组所占有的公共资源的同等份额。

对抽象的社会问题和人的心理感受的量化一直是相关研究的难点，城市规划学科尤其是学科中有关于用地规划和经济技术指标的编制又恰好需要更多量化数据的支持。所以本研究创新性地利用基尼系数的数学公式来判断与资源均衡配置相关的人的心理感受（相对剥夺感），又通过量化后的数据指标指导编制具体规划项目中的相关内容，以科学地处理具体城市用地规划中的资源配置问题。

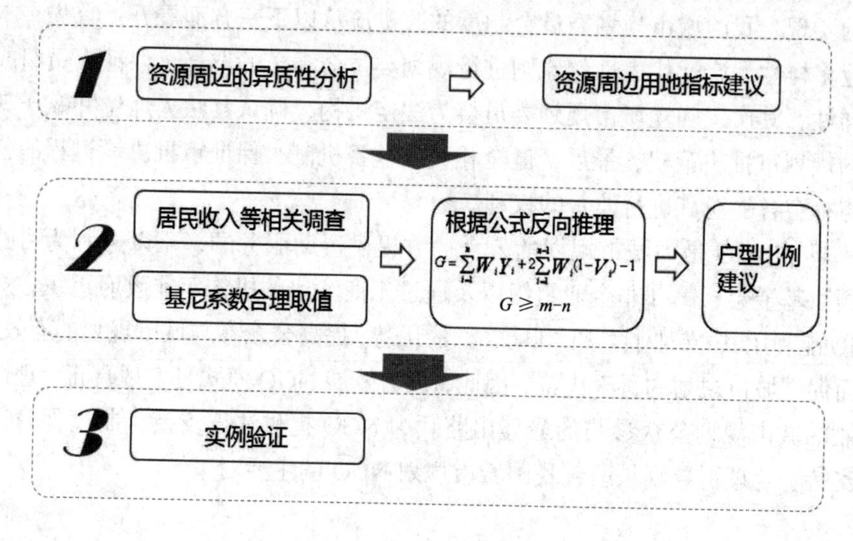

图 7-1　资源均衡配置导向的城市规划方法

三、创新性的研究见解

文中创新性地提出了包括控制相对剥夺感，合理引导大众心理感受的“混合社区组合方式”，提出了合理解决城市资源配置问题的城市规划和城市设计方法（图 7-1）。另外，在城市规划制度中也创新性地提出了新的公众参与模式 —— 规划 NGO，完善了现有公众参与城市规划编制过程的专业性缺陷。

第三节　本研究的局限性

第一，关于基尼系数反向运算的研究是基于基尼系数的选择和城市人口、收入等各项统计结果来完成的。然而基尼系数本身是一个比例参数，从基尼系数本身下结论只是选择了现阶段影响我国城市均衡发展最突出的收入方面，因而可能会忽略掉一些别的影响因素。此外，对基尼系数法的修正方法尚在探索之中。但总体来讲，基尼系数能够作为公共资源周边用地分配的指导。另外，天津市关于各个阶层家庭收入情况的统计是抽样调查的结果，只是具有一定的代表性，可以说，各收入阶层分布情况的准确性在很大程度上决定了研究结果的准确性。因此，本研究的目标和重点是方法，希望能为各类重大城市资源周边相关指标的确定提供一个均衡配置角度的思路。下一步的研究方向应该从提高研究结果的准确性入手，用准确性保证资源均衡配置的可行性。

第二，对于保障城市资源均衡配置的制度方面的研究，由于作者并未从事城市规划管理的研究，文中关于制度保障方面的分析与研究难免受到了局限。本文没有建立一套基于资源均衡配置的城市规划制度，也没有去探索具体的规划组织、编制、审批和实施监督的程序和方法，因为城市规划制度的建立、修正是受特定的政治、经济、社会制度影响的，任何涉及政治、经济和社会制度的改革都是艰巨的社会工程，同时也是本研究难以逾越的障碍。因此，虽然论文研究结论非常明确，但建议只能是比较原则性的。当然，通过进一步的研究和多方面的探索使资源均衡配置成为指导城市规划制度建立的理论仍然是可行的。

参考文献

[1] 约翰·罗尔斯. 正义论 [M]. 谢延光，译. 上海：上海译文出版社，1991.

[2] 俞可平. 中国公民社会的兴起与治理的变迁 [M]. 北京：社会科学文献出版社，2002

[3] 伊利尔·沙里宁. 城市：它的发展、衰败与未来 [M]. 顾启源，译，北京：中国建筑工业出版社，1986.

[4] 康少邦. 城市社会学 [M]. 杭州：浙江人民出版社，1986.

[5] R·J·巴罗，哈维尔·萨拉伊马丁. 经济增长 [M]. 何晖，刘明兴，译. 北京：中国社会科学出版社，2000.

[6] 刘易斯·芒福德. 城市发展史——起源、演变和前景 [M]. 宋俊岭，倪文彦，译. 北京：中国建筑工业出版社，2005.

[7] 张昕. 公共政策与经济分析 [M]. 中国人民大学出版社，2004.

[8] 卢梭. 论人类不平等的起源和基础 [M]. 高煜，译. 广西：广西师范大学出版社，2009.

[9] 戴维·迈尔斯. 社会心理学 [M] 侯玉波，乐国安，张智勇，译. 北京：人民邮电出版社，2009.

[10] 巴克，社会心理学 [M]. 南开大学社会学系，译. 天津：南开大学出版，1984.

[11] 杨贵庆. 城市社会心理学 [M]. 上海：同济大学出版社，2000.

[12] 蔡禾. 社区概论 [M]. 北京：高等教育出版社，2005.

[13] 蔡禾. 城市社会学：理论与视野 [M]. 广州：中山大学出版社，2003.

[14] 顾朝林. 城市社会学 [M]. 南京：东南大学出版社，2002.

[15] 王兴中. 中国城市社会空间结构研究 [M]. 北京：科学出版社，2000.

[16] 王彦辉. 走向新社区——城市居住社区整体营造理论与方法 [M]. 南

京：东南大学出版社，2003.

[17] 张鸿雁．侵入与接替——城市社会结构变迁新论 [M]．南京：东南大学出版社，2000.

[18] 王明远．清洁生产法论 [M]．北京：清华大学出版社，2004.

[19] 严金明．中国土地利用规划 [M]．北京：经济管理出版社，2001.

[20] 衣俊卿．文化哲学——一种理论理性和实践理性交汇处的文化批判 [M]．昆明：云南人民出版社，2005.

[21] 理查德・桑内特．肉体与石头——西方文化中的身体与城市 [M]．黄煌文，译．上海：上海译文出版社，2006.

[22] 张国庆．现代公共政策导论 [M]．北京：北京大学出版社，1997.

[23] 李述一，李小兵．文化的冲突与抉择 [M]．北京：人民出版社，1987.

[24] 吴克礼．文化学教程 [M]．上海：上海外语教育出版社，2002.

[25] 吴良墉．中国建筑与城市文化 [M]．北京：昆仑出版社，2009.

[26] 凯文・林奇．城市意象 [M]．方益萍，何晓军，译．北京：华夏出版社，2001.

[27] 陈昌盏，蔡跃洲．中国政府公共服务：体制变迁与地区综合评估 [M]．北京：中国社会科学出版社，2007.

[28] 赵守谅．论城市规划中效率与公平的对立与统一 [J]．城市规划，2008，32（11）：62-66.

[29] 陆树程，刘萍．关于公平、公正、正义三个概念的哲学反思 [J]．浙江学刊，2010（2）：198-203.

[30] 陈锋，孙成仁，张全，等．社会公平视角下的城市规划 [J]．城市规划，2007（11）：40-46.

[31] 孙施文，殷悦．西方城市规划中公众参与的理论基础及其发展 [J]．国外城市规划，2004（1）：15-20.

[32] 刘佳燕，陈振华，王鹏，等．北京新城公共设施规划中的思考 [J]．城市规划，2006（4）：38-42.

[33] 周岚，叶斌，徐明尧．探索住区公共设施配套规划新思路—《南京城市新建地区配套公共设施规划指引》介绍 [J]．城市规划，2006（4）：33-37.

[34] 刘宏燕，朱喜钢，张培刚，等．西方规划理论新思潮与社会公平 [J]．城市问题，2005（6）.

[35] 王光荣．论大城市多中心发展模式 [J]．天津师范大学学报（社会科学版），2006（4）：23-27.

[36] 赵弘．论北京城市副中心建设 [J]．城市问题，2009（5）：36-40.

[37] 马亚西．东京、巴黎打造城市副中心为北京建设世界城市提供的借鉴 [J]．北京规划建设，2010（6）：46-47.

[38] 王鑫鳌，论城市基础设施的特点和作用 [J]．城市开发，2003（9）：32-35.

[39] 张哲，汪波，杨占民．基于主成分聚类分析的城市基础设施建设水平评价研究 [J]．西安电子科技大学学报（社会科学版），2008（9）：27-32.

[40] 陈丹，唐茂华．国外城市资源公平配置的举措及其启示 [J]．上海城市管理职业技术学院学报，2008（3）：19-21.

[41] 郭素君，姜球林．城市公共设施空间布局规划的理念与方法——新加坡经验及深圳市光明新区的实践 [J]．规划师，2010（4）：5-11.

[42] 张京祥，葛志兵，罗震东，等．城乡基本公共服务设施布局均等化研究——以常州市教育设施为例 [J]．城市规划，2012，36（2）：9-15.

[43] 陈忠暖，阎小培．区位模型在公共设施布局中的应用 [J]．经济地理，2006，26（1）：23-26.

[44] 顾鸣东，尹海伟．公共设施空间可达性与公平性研究概述 [J]．城市问题，2010，178（5）：25-29.

[45] 王丽琼．基于公平性的水污染物总量分配基尼系数分析 [J]．生态环境，2008，17（5）：1796-1801.

[46] 翁一峰，任夏婧．转型期城市公共绿地空间布局规划研究—以无锡市中心城区为例 [J]．江苏城市规划，2009（6）：7-12.

[47] 王兴中，王立，谢利娟，等．国外对空间剥夺及其城市社区资源剥夺水平研究的现状与趋势 [J]．人文地理，2008（6）：7-12.

[48] 胡伟．城市规划与社区规划之辨析 [J]．城市规划汇刊，2001（1）：60-62.

[49] 沙颂．试论社区在中国城市社会整合中的作用 [J]．新视野，2000（2）：39-41.

[50] 陈锋，城市规划理想主义和理性主义之辨 [J]．城市规划，2007（2）：9-18.

[51] 生青杰，论我国城市规划法的理论基础——从平衡论角度出发 [J]．郑州大学学报（哲学社会科学版），2006（4）：46-49.

[52] 柳健，邓琳．关于城市副中心用地规模及结构模式的研究——以重庆市西永城市副中心为例 [J]．重庆建筑，2006（2）：16-20.

[53] 叶强，鲍家声．论城市空间结构及形态的发展模式优化——长沙城市空间演变剖析 [J]．经济地理，2004，24（4）：480-484.

[54] 张萍，陈秉钊．城市规划法修订中的几个问题 [J]．城市规划汇刊，2000（5）：8-11.

[55] 郭杰．论完善城市规划法的若干问题 [J]．理论界，2002（2）：68-69.

[56] 唐文玉．西方土地利用规划中的公众参与和实践模式 [J]．中共桂林市委党校学报，2006（04）：25-28.

[57] 栗燕杰．城市规划公众参与的理论与实践 [J]．黑龙江省政法管理干部学院学报，2007（06）：22-26.

[58] 沈清基，刘波．都市人类学与城市规划 [J]．城市规划学刊，2007（5）：40-46.

[59] 周尚意．文化地理学研究方法及学科影响 [J]．中国科学院院刊，2011（4）：415-422.

[60] 姜斌，李雪铭．快速城市化下城市文化空间分异研究 [J]．地理科学进展，2007（5）：111-117.

[61] 黄天其，黄瓴．关于城镇空间文化振兴的规划思考 [J]．规划师，2009，25（2）：89-91.

[62] 周劲松，张秀芹，何邕健．城市规划诠释城市文化的基本原理及方法探讨 [J]．城市，2006，30（2）：41-44.

[63] 何邕健，张秀芹，毛蒋兴，城市文化与城市建设互动影响研究 [J]．规划师，2006，22（11）：73-76.

[64] 高强．断裂的社会结构与弱势群体架构的分析及其社会支持 [J]．天府新论，2004（1）：85-89.

[65] 倪志娟．中国城市文化的内涵及其特点 [J]．南京师范大学文学院学报，2006（2）：73-80.

[66] 杨贵庆．试析当今美国城市规划的公众参与 [J]．国外城市规划，2002（2）：2-5.

[67] 倪军．城市文化视角下的城市设计探析 [J]．城市地域与开发，2010（03）：58-62.

[68] 高军波，周春山，江海燕，等．广州城市公共服务设施供给空间分异研究 [J]．人文地理，2010（3）：78-83.

[69] 高军波．苏华．西方城市公共服务设施供给研究进展及对我国启示

[J]. 热带地理. 2010（1）: 8-12.

[70] 陈伟东，张大维. 中国城市社区公共服务设施配置现状与规划实施研究 [J]. 人文地理，2007（5）: 29-33.

[71] 尹海伟，徐建刚. 上海公园空间可达性与公平性分析 [J]. 城市发展研究，2009（6）: 71-76.

[72] 方远平，闫小培. 西方城市公共服务设施区位研究进展 [J]. 城市问题，2008（9）: 87-91.

[73] 刘尚希. 基本公共服务均等化：现实要求和政策路径 [J]. 浙江经济，2007（13）: 24-27.

[74] 王佃利，吴永功，新公共服务理论视角下的农村公共物品供给审视 [J]. 山东农业大学学报（社会科学版），2009（1）: 6-8.

[75] 杨震，赵民. 论市场经济下居住区公共服务设施的建设方式 [J]. 城市规划，2002，26（5）: 14-19.

[76] 赵民，林华. 居住区公共服务设施配建指标体系研究 [J]. 城市规划，2002（12）: 72-75.

[77] 宋培臣. 上海中心城区多中心空间结构的成长 [D]. 上海：上海师范大学硕士论文，2010.

[78] 曲蕾. 居住整合：北京旧城历史居住区保护与复兴的引导途径 [D]. 清华大学，2004.

[79] 林洁. 我国城市副中心的开发模式与营建对策探讨 [D]. 重庆大学，2006.

[80] 周琴. 走向法治化的城市规划决策 [D]. 华中科技大学，2005.

[81] 莫文竞. 我国城市规划中公权与私权平衡模式研究——基于法学的角度 [D]. 同济大学，2006.